看懂狗狗說什麼

著／蘿西‧勞瑞
譯／王秀毓、黃詩涵

推薦序

從「寵物」到「伴侶動物」，我們正在轉變期的風口浪尖上。從「聽我的」到「取得共識」、從「上對下」到「肩並肩」、從人對狗的單向要求，到雙向溝通。沒道理只要求狗狗執行我們的指令，我們卻忽略狗狗發出的訊息，對吧？狗狗其實很擅於溝通，只是他們的模式也許與我們不同，本書是一個很好的起點，練習透過觀察與回應，建造更穩健的人犬關係。

徐莉寧／會思考的狗 行為獸醫師

跟我們一樣，狗狗家人想要身體舒服、安心愉快、自信成就感。若你希望牠能在人類建構的非自然環境裡健康快樂，你不能忽略的是牠心理層面的需求。安全感、尊重、信任，相當於狗狗的心理食物。想給狗狗最優質的心理營養嗎？本書提供了從觀念到實作的詳盡說明。

張婉柔／安寧緩和醫療獸醫師｜溝通師｜作者

療癒犬團隊（現名相癒心理諮商所）多年來致力於從事人與動物互動的工作，透過協助人與療癒犬建立起良好的關係（Human-animal bond）來改善／促進人與動物的心理健康。因此我們也深深了解熟知狗狗語言的重要性！其實，不論在不同物種之間，抑或是人與人之間，建立良好溝通管道皆相當重要，若我們能善用智慧去理解並尊重對方，相信這些美好的關係都能為每個人帶來滋養與成長。

陳姵君／相癒心理諮商所　諮商心理師

作者針對我們與狗狗生活中碰到的許多衝突，在考量了人犬雙方的需求下，提供了相當實用且自然就能執行的作法。此外，我最喜歡的是，作者描述許多情況時，總是平和且不任意批判人犬任何一方。我相信，這樣的文字所傳遞的訊息，更助於我們採取客觀且仁慈的態度，來支持自己自身與狗狗，進而，讓人犬生活得以改善。

林明勤 Ming／法拉狗 Follow Dog 訓練師

目錄

前言

席拉 · 哈潑 Sheila Harper
專業狗兒訓練師 / 行為顧問 / 犬類行為講師

覺察的時代，真心尊重、同理的時代終於來臨了！蘿西非常懂狗，深諳狗的行為與互動，因此她知道如何為家庭、專業人士、個「狗」與一般社會大眾謀取最佳福利。

蘿西每天與狗互動，跟狗一起解決問題，同時也思考她自己的問題，因此她基本功紮實，對狗的深入了解少有人能企及。她發展出的做法思路清晰又合乎情理，從狗與飼主出發，將雙方視為個體進行評估，堅定地協助飼主滿足狗的需求。每位讀者讀了本書一定都能看出她身體力行這套理念。

蘿西帶給讀者更多知識，開啟一扇大門讓讀者能夠觀察得更好、更了解狗的真實世界，而不是還沒觀察就妄下解讀。對準備好的讀者來說，開發這樣敏銳的覺察將引領讀者進入全新境界。

蘿西的一個強項來自她犯過錯也勇於承認，她接受過去的錯誤，從中

汲取教訓,藉此避免他人重蹈覆轍。另一個強項則是她知識淵博,能夠比較物種間,特別是人狗之間的相似之處,不管是溝通、情緒、壓力或價值觀,她在在讓讀者看到如何更有同理心。

很少人會去思考如何建立關係,我們常讀到、聽到的是怎麼當狗的領袖,或如何贏得狗的敬重(所謂敬重說穿了通常只是把恐懼或控制講得很好聽),但很少有人提供正確的資訊,教我們究竟該如何跟狗培養良好關係。關鍵在於用信任與理解取代一般常聽到的指令與控管。本書指出,找到對的平衡,跟狗維持穩定、互惠的關係,鼓勵狗做決定,同時給狗長大成熟的空間,這樣就能讓狗培養出適切的舉止。今日為數眾多的狗因過度訓練而過度依賴飼主,相較之下這想必是大家更樂見的選擇吧?

為什麼我認為本書很重要?說到底,本書包含的寶貴資訊對我們每一個人、狗都受用,甚至可以增進我們對其他物種的理解。

對於個人、家庭或專業人士來說,本書讓讀者正視狗本身就是有情緒的個體;許多人以為狗主要靠吠叫溝通,本書則指出狗還有更多更多溝通方式,只要我們改變看待狗的角度、對待狗的方式,就能避免許多問題。本書幫助我們更加理解狗為什麼出現特定行為:背後往往都是為了回應人的要求,或因應人的不足與無知。本書也鼓勵我們不只看症狀,更要開始採用更全面的做法,找出問題根源加以處理,達到更深遠的影響:終身受用的改善與身心平衡,而不是快速治標,結果反而造成狗的健康問題或甚至出現更根深蒂固的行為問題。

此外,我們必須思考我們日常生活中對狗的各項要求,要知道:若是還沒培養出狗的處理技巧,就讓狗陷入牠無法處理的情境往往會導致誤解與衝突。

對狗來說，本書當然會帶來好處。狗的本能不見得都符合人類的理想，因此，當人們能夠將狗視為個體，了解牠、珍惜牠，完整地接受牠就是狗、擁有狗的本能，這肯定是一大進步。這樣的接納會帶來安全感，讓狗沈穩冷靜身心平衡。蘿西所建議的「界線」並非高壓的「領導」，妥善設定界線將能提高自信與生活技能，讓狗的行為更成熟更明智。

本書對一般大眾又有何影響呢？如果狗有能力有技巧知道自己的侷限在哪裡，能夠自制，知道要離開過於棘手的情境，這樣的狗就不太需要應付衝突或對抗。當飼主負起責任好好養狗，社會就會接受。反狗聲浪越來越高的今日，如果大家善用蘿西的建議，一般大眾的社會共識、態度將會大幅改變，帶來更多的包容甚至肯定。

蘿西多方廣泛學習，她閱讀文獻、參加課程，不只向人類學習更向動物學習。她化理論為現實，實際測試想法，從而更加了解哪些做法有價值，哪些應該摒棄。她務實的做法也體現在日常生活當中，讓讀者看到如何改變、如何練習、如何協助狗兒，同時也說明這些建議背後的理由。她激勵我們大家追求更良好的溝通而不只是尋求簡單的解方。

她滿腔熱血卻又細膩入微，她簡單的文字背後藏著深刻理解。這套做法帶來的成功就是最佳見證。

應用這套理念帶來的好處放諸四海皆準，
希望大家好好享受、學習與體會。

席拉・哈潑
教育學士、文學士

席拉是知名國際應用犬隻研究計畫（International Programme for Applied Canine Studies）備受尊崇的主持人。她曾在美國與紐西蘭演講，目前在歐洲各地授課，內容涵蓋犬隻行為與溝通相關的各種面向，同時持續協助中途之家與家庭裡的問題狗兒。

前言之二　許朝訓／Polo 拔

正向思維藝術創辦人／吐蕊魯格斯國際犬訓練師培訓

無論是在進行吐蕊魯格斯國際犬訓練師培訓課程 (Turid Rugaas IDTE)，或是之後在我的教學課程中，都會提到如果要改變狗兒的行為，需要先意識到自己的行為，並且有意識的去改變它。因為狗兒大多時候牠們藉由觀察來了解週遭事物，同時也學習理解人的行為模式及其背後的意圖。

如果你看過關於狗兒安定訊號的相關書籍文章，蘿西於本書中延伸了安定訊號的概念，舉出非常多關於狗兒肢體語言及人類肢體語言的對照圖例，用更生活化的觀點，幫助我們學會觀察狗兒的表達，知道如何營造更適合與狗兒一起的生活。另外，蘿西於本書中提到的「界限」，不同的人可能會提出相同的名詞，或使用規則、規矩等名稱，但其中有著完全不同的含意、概念及做法，在閱讀時請務必以本書整體內容來了解作者意涵。

麻省理工學院科學史及人類學博士─勞洛 · 布萊特曼 (Laurel Braitman)，研究動物的精神疾病十年，提到人們其實有能力對於動物的感知提出精確的假設；而她也不反對擬人化，因為這是人類同為動物，接納與其他物種間的相似性，去思考其他動物的體會。但我們需要先學會不同物種的獨特行為表達，才能夠避免錯誤的擬人化。本書亦呈現了相同的概念。

特別感謝昉恩協助與蘿西、科林聯絡相關事宜，以及 Clare、詩涵兩位專業翻譯讓此書內容更臻完確。最後，請帶著開放的心來閱讀此書內容，相信我，它會改變你與狗兒的一生，讓彼此更加貼近。

導論

　　每隻狗，每位飼主，每個情境都是獨一無二的。本書希望鼓勵飼主和與狗共事的人多想想自己在做什麼，這些舉動背後的理由又是什麼。本書一方面是為狗而寫，一方面也希望幫助因為狗兒行為或健康問題而無所適從的飼主。關於狗，我們往往沒多想就聽取了來自四面八方的建議，過去的我也是如此，直到我發現自己並沒有解決問題，反而給我的狗造成更多麻煩。

　　我的狗們並不開心，但牠們跟很多狗一樣默默忍受，直到事情演變成對我也造成困擾，可在那之前我從未想到事情可能不太對勁。如今回想起來，其實我對狗的諸多要求都讓狗不自在。後來我養了獒犬，開始大大正視到許多事情。身為問題獒犬的照護者（對於跟我們一起生活的狗來說，我們就是牠們的照護者），相信我，你真的非改不可！

　　我不知道有多少狗努力溝通卻徒勞無功，特別是小型犬。當然我們無法針對一個行為，從所有面向、所有角度切入，然後給出適合每一隻狗

狀況的建議。因此重點是請吸收本書的資訊，以此為基礎繼續強化你的覺察。如需進一步協助，可參閱書末所列的資源。

我們每個人都受到自身經驗的形塑，在我看來，如果每位飼主都能先了解怎麼跟狗「相處」，再來決定要跟狗「做些什麼」，那會很有幫助。我希望提供資訊幫助更多飼主／照護者了解狗兒心事，也鼓勵更多人想要進一步了解狗。

由於這是一套全方位的做法，不只討論顯而易見的問題，更要考量狗兒生活中的方方面面，因此本書不同章節之間不免會相互參照，因為許多面向都有骨牌效應，在改變不同行為問題時都應列入考量，所以某些資訊會在多個章節中出現，因為這些資訊與多個議題相關。我認為重點在於了解哪些關鍵會影響狗的行為，我也希望了解的人越多越好。

> 我已經不再教我的狗坐下、趴下、繞八字、腳側隨行等才藝，
> 因為我認為那是把我個人的喜好與需求強加在狗身上。

我試著從狗的角度出發，思考牠們可能會如何詮釋我對牠們的要求，想想這個要求對於這隻狗是否恰當。如果我認為這要求是恰當的，接下來則要問，我要如何用狗最容易學會的方式達到我的目的。我選出最適合這隻狗的做法，讓牠能夠開心學會，因為這樣最能達到人狗雙贏。我們人要求動物做事，動物照辦，這其實是件容易上癮的事；狗聽話人就開心，於是我們一直要求下去，因為叫狗坐下趴下等待牠都立馬照辦，讓人感覺良好，我們以自己的狗為榮，控制得了狗也讓我們建立自信，但不幸的是，狗的自信卻可能下降，因此我們要注意觀察情況。

我們的社會似乎喜歡看到狗聽令行事，即便多數情況下其實不需要這

樣控制狗。然而，我們對狗管得越多，狗就越沒有能力自己做決定，結果我們人的自信提高了，狗的自信卻減弱了，牠們也就越加仰賴我們的指揮。

如果我們對狗的溝通一無所知，我們要怎麼知道狗的心裡在想什麼？身體怎麼了？不過，要是我們對於控制狗這件事上了癮，那麼每次狗兒乖乖聽令，我們就感覺良好，輕鬆拋開這類擔憂。

有時候我們甚至不去質疑我們為什麼要跟狗做這些事——也許是人云亦云，也許是我們不知道還有其他做法，但狗真的喜歡我們叫牠們坐下趴下等待走腳側這些事嗎？這對牠們來說有任何道理嗎？

我們究竟在追求什麼？指令的背後是什麼？我們希望狗有這樣的舉止背後的理由又是什麼？要人去探究這些問題也許不是那麼容易，但這麼做對狗比較公平合理。我希望各位考慮清楚，不要只是指揮狗兒做這做那。

不斷重複要求狗做這些動作，可能會對牠們的身心產生負面影響。如果你看不懂狗的語言，狗要怎麼告訴你，某個姿勢牠會不舒服？或是每次坐下身體都有某個地方會痛？我的第一隻英國獒犬考斯（Kaos），之前都乖乖聽指令坐下，有一天突然叛逆起來怎麼也不肯坐了。後來我們發現她的腿部十字韌帶有問題，我好幾個月來反覆下指令叫她做的各種動作可能都讓她非常不適，每週走在訓練教室光滑的地板上更是煎熬。我本以為她就是固執，但狗做與不做其實都有原因，很少只為頑固而頑固。也許，我們可以學會傾聽、調整，好讓牠們的生活更公平合理。就跟多數成功的關係一樣，重點是互相讓步，互相理解。想想你是怎麼跟好朋友相處的，如果你用同樣的方式與狗相處，相處本身就是樂趣：你的喜悅來自跟牠互動，而不只是強迫牠順你的意。

長時間重複地接受指揮、缺乏選擇，狗可能會失去做出合理決定的能力，變得完全仰賴我們告訴牠們要做什麼，什麼時候做，怎麼個做法。

　　給狗選擇能建立牠們的自信，如果我們為牠們設定好界線，給牠們足夠的空間與時間去行動，那麼隨之而來的學習會比較深刻，因為過程中牠們在自己準備好的時候做了一些決定──狗是可以學會自己解決問題的。

　　就我的經驗來說，多數飼主認為要讓狗能夠處理生活的大小事，同時保持牠們的個性，這很重要。以前人家認為我滿會訓練自家的狗，所以我也幫忙訓練別人的狗，但當我開始改變觀點，思考我為什麼要狗聽指令，我很快就發現：其實在現實生活中，這些指令往往沒有必要、沒有太大用處，也沒有真正的好處。考斯後來變得怕狗也怕人（故事經過寫在社會化那章），我教她散步時走在我身後，這樣人狗朝我們走來時我可以當她的屏障，也教她「看我」，讓她把注意力放在我身上。

　　考斯很棒，每次都照我教的做──除非有人狗朝我們接近，那種時候她當然沒辦法看我，她得盯著讓她害怕的事物。

　　想想看，可怕的東西朝你過來，你還有辦法眼睛盯著別人嗎？考斯會變得根本無法思考、無法處理，結果就表現得像一隻危險的狗，但其實她只是太害怕了，所以對著入侵她個體空間的人狗撲跳、吠叫。每隻狗需要的空間大小因狗而異，也可能每天都有變化，但過去的經驗讓考斯大多數時候都需要相當大的空間。

　　我改變了做法，去衡量考斯之所以這樣反應背後原因是什麼，我不再強迫她或對她要求很高，我開始得到她的信任，她也開始覺得比較放心。過了一段時間，她終於對我有足夠的信心，相信我已經學會另一套管理

環境的方法。我們一起用更自然的方式慢慢努力,一開始不要太接近她害怕的事物,等她準備好再進階,整個過程花了好幾個月。當狗有問題時,太過執著於問題可能會使問題變本加厲。當我發現考斯有狀況時,由於我看得懂她的溝通,所以這可以幫助我判斷什麼時候適合教她,什麼時候不適合。人每天的心情都不一樣,動物也是,而我發現考慮考斯的心情,訓練效果會更好。

不管人有沒有顧及狗的感受,很多狗都會聽令於人,但我喜歡能夠保障狗兒福祉的做法,用同理心對待狗,照牠們的步調走。此外,我也認為要不時重新審視我跟狗做些什麼,重新評估。

當我們的狗表現很好,很聽指令,人往往會對牠要求更多,我們會很想帶著牠去各種地方,也不考慮那對牠有什麼影響。狗努力應付這些挑戰時,體內會有壓力反應,生理化學也會起變化,我相信這些都不是人的本意。再說一次,在教狗做某些行為之前,請好好自問這麼做是否值得?我們為何而做?是為了狗好?還是為了自己?

很多狗會做事換食物,食物是最常用的誘因。然而,正因為我們掌控了這個重要資源,狗也仰賴我們為生,我們肩負著多麼巨大的道德責任!父母可能會無意間引發孩子的食物問題:孩子難過時用食物安慰,用食物獎勵良好行為,用食物打斷或預防不良行為,甚至用給予食物來表達關愛,用剝奪食物來懲罰。我認為,我們拿食物跟狗互動的方式也可能對某些狗產生問題:當牠們面對著很害怕的東西,同時又看到一塊多汁的雞肉,腦中會發生什麼事?在這衝突情境下,牠們要不要吃食物?遺憾的是,即便被害怕的事物逼到極限了,很多狗還是會吃,尤其是肚子餓的狗,或過往經驗讓牠們對食物過於執著的狗。換句話說,我知道我可以無視狗的情緒狀態,脅迫牠們聽我的指令做事,但我選擇不再這麼做。

改變、拋棄過往的手段一開始讓我很害怕，但我沒有走回頭路，我也信心滿滿地知道我的狗真的比從前更快樂。牠們過去看起來也很樂意學習，會專心注意，我以為這就表示牠們喜歡訓練，但現在我會想，當時的牠們會不會只是想搞懂，究竟要怎麼做才有得吃？

我們對狗下指令，常常是因為我們擔心牠們對事物的反應，或是擔心別人的眼光；但我現在的做法是，先想想狗為什麼會出現那種反應，評估情況、衡量各種選項，再做出決定。狗也許當下就能直接學習，又或者還需要多些準備功夫。我的心得是，這種做法效果更持久，能夠強化狗跟飼主的關係，對狗也好——牠可以按照自己的步調自主學習。

光治標不治本無法處理行為背後的情緒。狗要教沒錯，但更重要的是教的方法與時機，更要知道我們為何而教，我們所教的事情在狗眼裡看來應該要有道理。舉個常見的情境為例，飼主要求狗在路口坐下。以前每次帶狗到了路口，不管是什麼情況我都要狗坐下。我們知道狗坐在濕濕的人行道上是什麼感覺嗎？對某些品種的狗來說，這非常不舒服。顯然請狗「等等」就夠了不是嗎？現在我會折衷，讓狗自己選要用什麼姿勢等，等安全了再過馬路，照樣一點問題也沒有。

用食物、讚美或玩具要狗做事也許可以立竿見影，但也會挑動狗的情緒。設下界線略加限制，讓狗在不至於闖禍的情況下教狗，（考量牠的程度、考慮我們要教的東西是否合理），則讓狗自己做出我們想要的行為，我們再根據牠的溝通表現從旁引導支持。

舉例來說，如果用長繩、車門等等設了界線，再叫狗「等等」，過了一段時間牠就會學到「等等」是什麼意思。牠不需要額外的獎勵，因為腦中「燈泡一亮搞懂了」這件事本身就是獎勵，是一種自我滿足。這聽起來也許有些爭議，但不管我們給狗何種獎勵，獎勵的意義都值得深思。

我相信各位已經發現狗可以透過觀察學得很好，而我們可以提供牠們適切的機會。偶發學習 (incidental learning) 對人有用，對狗也一樣有用，只要有機會，狗是可以自己學習的。我們可以施加一些限制，例如圍籬或其他界線，在界線內讓狗自由選擇。如此一來，我們就不再需要下那麼多指令。人類也夠聰明，可以想出如何為狗安排恰當的學習機會。

　　婆歌 (Pogo) 是我們家的新成員，她是一隻混種的邊境牧羊犬，過去曾有一些不好的經歷，有時候她會無法接受海格 (Hagrid)，我們家現任的獒犬。其中一種情況是我們晚上一起待在客廳的時候，如果婆歌先到客廳，海格進來時她會吠叫、撲跳，作勢要咬海格的臉。我找到一個做法讓她比較有安全感，就是幫她繫上長繩，我先生牽著長繩坐在她身邊的沙發上，提高她的安全感。還有另一個方法也管用，就是讓海格先進客廳，他很快就會安頓好開始打盹，然後婆歌再進來，通常過了一會兒就會躺在沙發上或地板上，在離海格幾英尺的地方沈沈睡去。

　　有時她或海格會去隔壁房間休息，我們覺得這樣也很好。婆歌自己選擇要待在哪裡，我們則支持她的決定，提高她的安全感。除此之外，我們也使用屏障讓海格學會不去侵犯婆歌的空間，效果非常好，婆歌也放心地知道自己的需求都會得到滿足。

　　這種訓練方式意味著跟狗合作，根據狗的狀況與情境調整，一個做法行不通就換別的做法，兩隻狗跟我們人類都從中學習。兩狗和諧共處這件事對我來說就是一個獎勵，我相信對狗來說也是如此。若是使用食物、誇獎或遊戲則只會讓原本一觸即發的情況更加激動，也可能讓我們前功盡棄。這是讓狗終身受用的學習，當其他情境出現時，狗也可以應用所學，從而進一步提高自信。

我認為絕對要教狗社交禮儀，禮儀在任何社會中都是重要的一環，狗在人的環境中生活，社交禮儀讓大家可以和諧共處，是牠們生存必備的條件。我們的狗必須知道界線在哪裡，什麼事可以做，什麼事不能做。我認為我們也必須了解並尊重狗的界線。除此之外，當你跟狗建立起穩固、平衡的關係，你就為訓練召回等技巧打好了基礎。鼓勵狗想待在你身邊，會比要求牠過來容易得多。我會設定界線，但在界線內給狗選擇的自由，跟狗互動時也小心注意不採取負面舉動：不嘮叨、不發火，也不用嫌惡刺激，這些可能會造成不安全感。我要做的就是做妥當的安排，讓狗自己就能搞懂。

　　我不懲罰不好的行為，就單純忽略它，在此同時仍舊關照狗的需要。如果你對狗的態度始終很正面，牠就會信任你。

附註：為簡明起見，文中遇到狗的性別不明時，一律以「牠」來指稱。

有聲的溝通

溝通這個主題涵蓋範圍甚廣，本書著重的是無聲的溝通，雖然只能略談一二，但希望拋磚引玉讓讀者開始思考狗兒究竟想表達什麼。

有聲的溝通則是另一個需要考量的領域（也許需要一整本專書來討論）。狗所發出的任何叫聲都很重要，也與整體情境息息相關，因此評估狗的叫聲時，一定要將整體情境納入考量。善用本書資訊開發你的觀察技巧，進一步了解狗兒，也有助於研究叫聲。

狗發出哀鳴、嚎叫、尖叫、吠叫、低吼、齜牙咧嘴等聲音時，人可能比較會有反應，狗安靜時則不然，所以發出聲音可能是很有效的做法，因為通常可以引人注意，但有時候結果也不如狗兒預期，假設狗的溝通方式被視為具有攻擊性，狗可能還會面臨安樂死的命運。因此，我的首要任務是讓大眾了解狗兒無聲的語言，如此一來，狗不必扯開嗓子，也有機會得到人類理解。

雙向關係的基礎

調整初期最好的做法，

就是設身處地從狗的角度出發來了解牠。

溝通是雙向道，也是一切關係的基礎，基礎打得穩，關係才會健康。溝通的基礎不紮實，就很難發展出理想的關係。不管是人與人的關係，動物與動物的關係，或人與動物的關係，這原則都適用。

肢體語言包含表情在內，既攸關生存也攸關人生成功與否。雖說我們有部份肢體語言似乎是與生俱來，但我們會從父母兄弟姊妹或其他人身上自然而然地學到如何運用更多肢體語言，像是微笑、皺眉、怒視、用手指東西、點頭、轉頭、忽略、向對街的人揮手等等。我們仍舊保有這種自然的溝通形式，就像擁有第六感一樣，不只自己會用，也看得懂別人的肢體語言，即便我們不常聽從這第六感。

不過，要是你感覺情況不妙，那麼事情八成真的不妙。

因為我們的狗不像人會說話，所以牠們比我們自己更了解人類的肢體語言。大多數情況下，狗每天都有時間觀察我們一整天，會注意到我們自己不曉得的細節，所以狗的直覺看似比我們強。相較之下，我們人每天有好多事情要忙，沒機會同樣鉅細靡遺地觀察狗。狗跟我們不一樣，再加上狗的生活仰賴人，所以牠們會注意我們的溝通方式。在許多情況下，我們人對狗來說都很重要，所以密切掌握人的一舉一動並隨之因應，對狗來說非常值得。

你的狗偷吃了星期天的烤肉，看上去一臉心虛，那並不是因為牠在懊悔自己伺機而吃，牠只是看到你僵硬的姿勢、嚴峻的表情，想起你上次出現這種肢體語言時有什麼舉動。

◀看似「心虛，知道錯了」的
亨利，身體緊繃向內縮。

人類

　　人類一天到晚用肢體語言溝通，只是通常沒有自覺。

　　早在孩子學會說話以前，我們做父母的似乎總能理解嬰幼兒想表達
什麼，因為孩子對我們來說如此重要。有些爸媽能辨認不同的哭法，
知道還不會說話的孩子需要或想要什麼。為什麼許多女性比較能夠發
現孩子、丈夫或伴侶沒說實話？這些女性也許說不上來自己究竟發現
什麼，但她們就是曉得。我很肯定這應該跟眼神接觸、手勢等細微的
肢體語言有關，女性不見得能一一舉出她們看到的所有訊號，但她們
就是有所察覺。

▶我青春期的兒子躲不過我的相
機，你看他多生氣、多受不了。

孩子還小的時候，女性解讀孩子肢體語言的時間可能比男性多，也許女性因此比男性更善於解讀肢體語言。

就我的觀察，許多男性（當然也有例外）似乎比女性更慣於「控制」。過去幾個世代，女性都在家中扮演照顧者的角色，也許因此更會注意細微的肢體語言，她們也似乎更常仰賴直覺。或許對某些男性來說，看不懂「無聲」的溝通讓他們沒有安全感，而控制是對抗不安全感的一種方法，但這不代表控制就是恰當的。

> 控制型的關係並不公平，信任、雙向的關係對雙方都更有利。

這不也是大多數人追求的嗎？

想想你跟小孩的相處方式，如果大人誠實、公平地對待小孩，保持溝通管道暢通（而不是阻斷或壓抑溝通），大人就更能聽到孩子的感受與想法，也會贏得孩子的尊重與信任，建立起平衡而良好關係。雙向的關係為孩子帶來安全感，孩子會更有自信。如果溝通管道受阻，孩子通常會尋求其他抒發管道，這就等同於鼓勵孩子不誠實，對父母隱瞞。

🐕 狗狗

某些犬類行為電視節目中常出現控制狗的做法，這些節目推薦的控制做法也可能導致類似的負面效果。

這些方法乍看之下有效，但如果飼主像高壓父母對待小孩那樣壓抑狗（忽略狗的溝通訊號，強迫狗待在牠本來就無法應付的情境），很可能會出現不良行為等反效果。又或者，這套做法可能讓狗害怕到「關機」，完全無法應對，整天惶惶不安。

於是狗會努力想辦法因應這個（牠躲不掉的）情境，但結果往往是發展出可能比舊問題更難處理的新問題行為。

> 對狗長期健康更不利的是，狗可能會把壓力內化，結果可能因此生病或發展出舔咬身體的強迫行為。

這就是想要控制另一個個體的下場，長期下來勢必出現副作用。相較於敏感的狗，個性比較堅強的狗比較能夠調適，但這並不代表牠們的生活品質好。

> 狗經常使用牠們的肢體語言。雖然我們不見得都能夠一看就懂，但我們可以努力學習、了解牠們的溝通方式。

說話往往會妨礙我們跟狗溝通。前面提過，狗遠比我們擅於解讀肢體語言，牠們往往整天觀察我們，解讀肢體語言的經驗更多，我們是不是能夠回報牠們呢？這裡或許也看得出狗多麼在乎我們：我們自己還渾然未覺時，牠們似乎就發現了我們的心情變化。也許狗注意到的事比我們現代人多，因為現代人生活裡有太多事情令人分心。

▲跟小孩一起生活對大多數的狗來說都很辛苦,狗得知道小朋友(特別是幼兒)下一秒可能會做什麼。我們可以教會孩子與狗彼此尊重對方的空間與需求。

▲我們手上有食物,狗會緊迫盯人,但其實牠們隨時掌握我們的一舉一動,唯有如此才能在環境中感到安全。在狗的眼中,我們可能就像小孩一樣難以預料。

🐶 狗狗 & 人類 🐕

　　我的好朋友兼同事把一樣東西忘在我的廂型車上,我發現了她的東西,但心想反正隔天會見面,就決定先把東西帶回家。朋友打電話來的時候我正好不在,她留了言說她忘了帶走這件東西。她並沒有要我回電給她,而我又在忙家裡的事,於是我很快發了電郵跟她說,我隔天會把東西帶去,但她沒看電郵,結果隔天一早她出現在我家門口,嚇了我一跳。她家離我家車程 45 分鐘,顯然這東西對她來說很重要,東西不在身邊讓她非常擔心。

　　故事重點在於:即便我們是同一個物種,身處通訊發達的時代,還是不免出現溝通障礙,壓力可能因此而生。我跟朋友各自選了不同的溝通管道,理由都很充分,結果卻是溝通不良。

> 狗一天到晚面對這種溝通不良的潛在危機，牠們會用好幾種溝通方式來設法傳遞訊息。

　　牠們會先從溫和的肢體語言開始，再進展到更明顯的：先發出聲音吠叫、哀鳴或低吼，最後才動用牙齒。通常狗開咬了人就會注意！結果有太多狗純粹因為不被理解，最後落得被安樂死，這種情況追根究底要怪我們人類無知。

　　如果狗的表達我們都看不懂，長久下來狗會多麼挫折？壓力會有多大？這種持續的壓力若不處理，可能會導致某些嚴重健康問題。想想如果一天到晚被忽視，你會做何感想？又會採取什麼行動？你會變得多麼無望跟易怒？如果我是狗，每天被誤解、被忽略，我想我八成會開咬或出現某種行為問題。

▲縱然有這麼多種通訊方式，我們還是會溝通不良，即便我們說的是相同語言也一樣。

▲這張婚禮照片裡有好幾種溝通方式：肢體語言（每個人都有）、說話、眼神接觸、肢體觸碰。

表達需求的方式可能有許多種
啃咬的選擇

　　一個常有誤解的議題就是狗獨自在家時搞破壞。

　　啃咬是狗的自然行為，許多狗都需要透過啃咬紓解壓力。

　　飼主如果了解這一點，就能更正面地看待這件事。回家時經常看到滿目瘡痍，表示我們需要去了解狗是純粹喜歡啃咬的過程呢？或者有無法獨處的問題？如果是前者，只要在狗想啃咬時給牠東西咬，就能減少狗獨處時亂咬東西的情況。你必須非常了解當事狗的狀況，舉例來說，一些啃咬選項可能會讓某些狗有挫折感，或讓牠們過度亢奮，這從你提供啃咬選項時牠們的反應明顯看得出來。不過對許多狗來說，有適合的東西可以啃幫助很大。啃咬的動作會釋放腦內啡（endorphin），有助狗更加放鬆，但提供的啃咬選項應該適合個別狗兒。

▲橘子有各種不同的骨頭可以選，變化讓生活多采多姿。

▲狗兒喜歡不同的質地。不同時段、不同的狗喜好可能都不盡相同。

狗什麼時候想啃咬，我們不見得都看得出來。比如說，有些狗吃完飯會想來點「飯後啃」，有些狗是在客人來時想啃東西（甚至是家人回家的時候），有些喜歡在公園裡啃，散步後啃，又或是在人坐下放鬆時會想啃個什麼。狗啃咬的方式很重要：如果牠安靜地趴下來很冷靜地咬，那就沒問題，但有些狗可能會彷彿強迫症般死命地啃，這就表示牠們可能有壓力。

啃咬的東西、啃咬的方式可能會讓某些狗激動起來，啃咬的時間、狗的心情、疲倦程度等都可能產生不同影響。為了讓狗舒服自在，要給牠一個放鬆平靜、稍微有點隱私的環境，所有的狗也都需要合理適當的界線來確保牠們有安全感，例如掩上門或放置圍欄隔開附近其他人狗。

如果搞破壞的原因是狗無法忍受自己在家，那麼要努力的第一件事是教牠獨處。這是一個漸進的過程，慢慢地讓牠接受沒有熟人在身邊。首先讓狗在看得到飼主、但沒辦法直接去找飼主的地方自己待著，這種時候有東西啃有助舒緩情緒，讓狗學習跟飼主分開。最理想的狀況是，狗還在學習階段時不要留牠自己在家，但當然可能有時候逼不得已，得讓牠自己獨處一下子，這時候可以給牠一些確認是安全的玩具或骨頭來啃咬，必要時牠可以紓解一些挫折感。不過這麼一來狀況會改善還是惡化呢？答案視個體狀況而定。

要避免狗亂咬東西不見得輕而易舉，但只要花點心思去了解，你絕對可以為自家狗兒找到適合的啃咬活動。放鬆地啃咬一會兒對某些狗來說很有幫助，但如果啃咬太久，狗兒可能會開始擔心、變得激動或感到挫折，在那之前若無其事地變換一下情境，就可以為啃咬劃下美好的句點，久了狗兒也能學會自制。在某些情況下，啃咬本身可能就

是問題，狗也許因為過去的種種原因對啃咬有了負面的連結，又或者過去從來沒有機會啃咬，現在可以啃了就過度激動。給狗適合的啃咬選項很重要，觀察狗兒什麼時候透露牠需要啃咬也是我們的責任。請觀察牠的環境，看看是否有讓牠特別需要啃咬的理由，如果有，可能需要再深入去了解。

如果狗兒過去的行為指出牠可以適度地啃咬，享受到啃咬的好處，那就可以留安全的啃咬選項讓牠自行取用，畢竟我們不可能精準知道牠什麼時候需要啃咬。

有些狗喜歡較軟的質地，例如絨毛玩具、瓦楞紙板，有些則可能偏好木頭或其他較硬的材質。

要檢查啃咬物是否安全，並且適時換新。同樣的東西散落家中隨處可得，可能會讓狗失去新鮮感。

🐶 狗狗

養狗讓我們有機會觀察狗，看狗怎麼用非言語的方式彼此溝通，也跟我們溝通。

比如說，你的狗看到另一隻狗但決定不和對方互動，牠可能會把頭撇開。對方要是忽視這個溝通繼續向前，你的狗可能會轉身背對對方（眼睛看別處），緩慢地移動。你的狗可能會坐下，然後轉身趴下。如果以上的策略都行不通，牠可能會起身慢慢走開。

上述這些動作發生得很快，多數人都很容易錯過，要閱狗無數、經驗老到了才看得到。

當狗過度亢奮時情況可能會快速失控，就像小朋友們自己玩遊戲沒人看著，結果往往以哭收場。當對方過度亢奮時，狗可能會先試著溝通，例如開始打呵欠，呵欠越打越明顯，然後緩步離開，希望另一隻狗冷靜下來，但如果溝通無效。第一隻狗可能也會開始「犯傻」，出現轉移行為（後面章節會解釋），因為牠已經無計可施。

狗過度亢奮時可能會變危險，有可能出現皮開肉綻的場面。

我們可以用簡單的動作模仿狗的肢體語言，例如轉頭不看不當行為，表示我們不支持牠所做的事，但還是歡迎牠過來找我們，並沒有拒狗於千里之外。我們也可以後退，平靜而緩慢地移動（記得移開視線），必要時輕聲說話。

當你覺得狗的緊張程度升高時，請考慮當下發生什麼事，如果狗在這情境下常出現擔心的樣子，就必須立即帶牠離開這情境。不過，假設當下情境對牠來說並非全然陌生，通常你只要平靜自若地繼續，不多說話，往往就有好發展，對你跟狗都好。當然情況都依狗而定，同時也受各種因素影響。

我們生氣的時候，最好完全不要開口說話，因為聲音會透露情緒，讓情況變本加厲。我跟我的狗相處時一般都很安靜，我覺得不說話有平靜的效果。如果真的需要說話，我會保持語氣溫和放鬆，這樣也有助於減緩挫折感，讓狗感受到我同理牠、了解牠。麻煩的情境出現時，

這種做法往往有正面效果。溫和處理能讓高漲的情緒降溫，留下更多空間可以想得更清楚，觀察得更仔細。記得要深呼吸！狗絕對會注意到我們的呼吸速率，而當我們憋氣時，狗會知道情況有異，牠們也許得回應。

你的狗可能不清楚某件日常活動是否跟牠有關，所以對某些狗來說，讓牠知道你在做什麼或接著要做什麼似乎挺有幫助。盡可能簡短不囉嗦，像是：「我去樓上拿個東西」或者「我馬上回來」，這樣可以讓狗自然而然地融入我們的日常生活，聽起來也比「等等」指令溫和。經常這樣做之後，狗就會了解狀況，知道那個情境下牠們什麼事都不必做。

不良行為出現時，盡可能先思考而不要第一時間反應。等一切都平靜下來，花點時間想想剛剛發生什麼事，下次可以怎麼改進。想想狗身處的環境、狀況，有什麼人在場？現場是什麼狀況──看到什麼？聽到什麼？聞到或嚐到什麼？還有摸到什麼？事前發生什麼事？讓狗出現這反應的狀況持續了多久？這狀況發生的頻率如何？有時忽略這行為對某些狗來說就有用，但也別忘了如果我們一直被忽略、沒得互動，也無法從中學習，我們會有什麼感受？想想你的行為可能對狗產生什麼負面影響。全然無視感覺太沒得商量了──到此為止，沒機會重啟對話。你可以改變自己的肢體語言，讓對方（不管對方是人或狗）依舊可以跟你交流，這樣的做法終究會帶來好處。

想想狗兒為什麼做出不良行為？究竟什麼算是不良行為？什麼可以，什麼不可以是誰決定的？你不喜歡的事情，到了別人家裡可能完全不成問題。狗兒出現這種行為想表達什麼？也許牠在努力告訴你，牠不自在，情況必須有所調整。好的做法是，考量讓狗兒出現「不良」行為的各種因素。有時我們似乎太過關注「不」想要狗做什麼：「住手、

不要動那個、不可以、不要，你是怎麼搞的？」也許當狗做出惹人不開心的行為時，我們會注視牠、碰牠，使得不良行為得到更多關注，如此一來可能反倒鼓勵了我們想阻止的行為。對狗大吼大叫、發火、或是限制狗的行動也許看似暫時有用，但牠肯定不了解這一切究竟是怎麼回事？我們到底想要牠怎麼樣？牠的反應將出於恐懼，使得牠沒有機會學到我們希望牠怎麼做。對，牠知道飼主很生氣，但終止不良行為更有效的方法是使用肢體語言，因為肢體語言才是狗能理解的。

除此之外我們還可以做些什麼呢？何不防患未然，預防一些會觸發不良行為的情境，讓狗根本沒必要使壞？看看是什麼事物讓狗有壓力，靜靜陪著牠，等到牠表示準備好要離開或願意跟你一起走。盡可能避免讓狗身陷會引發反應的情境。善體狗意，溫和以對，這不只能幫到狗，也能維持人狗間的正向關係。當然，跟狗相處時有所堅持、規矩一致也很重要，不過善用肢體語言將能化解許多場面，有助平息事態。

要知道，冗長喋喋不休的句子在狗耳裡都是鴨子聽雷，學不到什麼東西，有些狗會覺得我們的嘮叨很煩。況且，大多數的狗都對我們聲音裡的情緒相當敏感，我們的情緒會影響牠們的行為。

對狗來說，我們跟牠們說話時的態度和語氣比我們說話的內容更清楚，但最自然的還是肢體語言。很多狗都能欣然接受我們模仿牠們最簡單的溝通訊號，反應也很好。

就我的經驗，用肢體語言跟大多數品種的狗甚至其他物種溝通，效果都很好。

話說回來，我也遇過有些狗看到我們試著模仿牠們的肢體語言會開始擔心。同樣地，這也取決於個體、情況、模仿的方式。如果模仿狗肢體語言的人自己壓力很大，那可能就行不通。有些狗需要去習慣人類會模仿牠們的語言，可能需要重複個幾次，牠們才會發現原來飼主在跟牠們「說話」，人學習狗的肢體語言可以越練越流利。

▲一隻狗對特定氣味或物品展露興趣，就會吸引別的狗過來。如果狗兒缺乏解決某個問題的技巧，有時我們可以善用牠們的好奇心來幫忙。人在把玩某個東西的時候，大多數的狗都會過來查看，這個人如果還全神貫注把玩東西更是如此。不過我們得小心別濫用這一點，狗能夠分辨你是玩真的還是在騙牠，所以誠實很重要。狗跟我們一樣，玩真的牠們比較會相信，欺騙狗則會讓牠不信任你。照片中的邊境牧羊犬（巴比）眼睛看不見，但還是非常善於使用肢體語言和溝通技巧。（感謝卡蘿·艾麗克授權使用這張巴比的照片）

◀狗跟人一樣是好奇寶寶，要是不希望狗發現你在做什麼，你就得小心。相反地，如果希望強化某行為，可能光是關注這個行為就能達到目的。

溝通實務

▲這兩張照片可以看出，用狗的方式溝通多麼容易又有效，不必生氣或不斷重複指令就有效果。

第一張照片裡，海格侵入了我孫女的空間。孫女冷靜、緩慢地轉身離開他，他馬上就懂了，於是也轉身走開。這方法對海格和我孫女有用，但某些狗可能還需要更多的溝通，比如說緩步離開牠。視過往經驗等因素而定，每隻狗、每個人可能都不太一樣，但無論如何，緩慢冷靜的行動，不對狗下指令，都是更為有效的做法。畢竟狗在溝通時不會興奮過頭大呼小叫，我們人類何不仿效狗兒？

> 我認為這樣的互動非常美好，因為雙方都沒有大驚小怪，也根本不需要下指令（下指令狗也不見得都能聽懂），狗通常是對我們說話的音高、緊張的肢體語言有所反應。所有的狗都用同一套溝通方式來了解彼此。如果我們願意如上所述學習他們的語言，我們跟狗「說話」就能說得更好，給狗更好的回應。
>
> 我的孫女本來會怕狗，但她已經學會怎麼看懂狗、怎麼用肢體語言跟牠們溝通。

 人類

　　人類溝通的方式受到語言等眾多因素影響，「指令」一詞就是個好例子：想想有人下令你做某事時你是什麼感覺？指令帶來什麼期待？你可以選擇嗎？你是否覺得受威脅或者有壓力？要是你不聽令行事會怎麼樣？相反地，如果有人給你鼓勵的訊號或是建議，你的感受又是如何？

　　除此之外，我們使用的特定字句可能會對思考過程或行為有微妙的影響，可能也從而影響了你跟狗的關係。

> 如果我們希望狗兒冷靜穩定，我們自己要先學會冷靜穩定。此外，狗放鬆時比較容易了解我們，同樣的原則也適用於小孩，孩子跟狗都是看著我們有樣學樣。

　　你是否曾發現，不想引起狗注意的人會保持安靜，不主動互動？身心平衡穩定的狗通常會去找那些不太搭理牠們的人，牠們似乎喜歡低調穩重的人，而不是那種通常很興奮「大驚小怪一直要摸狗愛狗」的人。狗其實就在告訴我們，牠喜歡人類有什麼樣的表現。當我們能夠善用肢體語言，動作自然而細微，我們跟狗的互動就會更加成功。

🐾 狗狗 & 人類 🐾

狗跟人一樣想要平靜的生活，牠們的天性並不兇殘，會出現攻擊行為通常是試過其他較細微的訊號卻無人回應。通常是害怕或受挫的狗，因為正常的溝通訊號（肢體語言）一直被忽略甚至懲罰，所以學到要使用攻擊行為。當狗低吼、露牙、前衝、吠叫或使用忽略訊號，常被視為挑釁或（過時的說法叫）展現「支配行為」，於是這「壞」行為就被處罰了。

> 如果我們選擇退讓，那也沒關係，因為這表示我們知道狗身處某種壓力，表示我們抱著開放的心態面對狗，也尊重牠的表達。

再回到父母和子女的例子，如果我們老是告訴孩子不要搗蛋，孩子卻一直當耳邊風，我們自己出現凶惡行為的頻率會有多高？是不是會吼孩子？甚至賞他耳光？這種情況下我們發脾氣雖然不可取，但也情有可原不是嗎？同樣地，狗會受不了而失控不也可以理解？如果一直被當耳邊風，人、狗都可能變得凶惡。

我學到一件事：當我的狗低吼或翻嘴皮露牙，那其實是好現象，因為牠們儘管遇到棘手狀況，但牠們曉得跟我表達很安全，也相信我會有適當的回應。我會退讓，以必要的舉動緩和場面，幫助牠們，讓牠們不需要越演越烈做出攻擊性更強的行為。

人類不該模仿狗（高度激發狀態下）的任何強烈溝通訊號，因為仿效這類訊號後果堪慮。

重點一覽
雙向關係的基礎

 控制型的關係都是不公平的，擁有互信、對等的關係，雙方都比較沒壓力不是嗎？

 狗兒經常用肢體語言溝通，我們多注意肢體語言就能學習理解牠們的溝通方式，但這需要我們花些心力。

 如果我們希望狗兒冷靜穩定，我們自己要先學會冷靜穩定。此外，狗放鬆時比較容易了解我們，同樣的原則也適用於小孩，孩子跟狗都是看著我們有樣學樣。

 我們絕大多數的嘮叨狗都聽不懂，嘮叨教不了牠們什麼，但狗聽得懂我們聲音裡的情緒，會依此作出反應。花點時間想想你講的話帶給自己什麼感受，對你自己的反應有何影響，我們的言語會影響我們的肢體語言。

霸凌

藉由改善觀察技巧,我們就可以注意到狗在霸凌同類時所
發出的細微肢體語言,讓我們有機會適當介入。

🐾 狗狗

　　我認養的英國獒犬是公狗,重達 83 公斤,他一開始在家裡會出現霸凌他人的行為,這是因為過去經驗使他感到焦慮,讓他在新的環境中沒有安全感。如果狗對周遭環境有把握,就沒有必要霸凌。

　　霸凌是狗表達對某情境感到不安的方式,牠可能會保護某個空間、某人、另一隻狗,或是任何對牠來說重要的東西,你可能也會看到狗出現各種行為,例如衝撞其他動物或人、啃咬、侵犯他人空間、追蹤、俯衝(無論是否真的撞到,還是差點撞到對象,這種行為都會讓對方害怕)、吠叫或低吼、騎乘、逼近、纏著人或動物跟牠玩,並且不理會對方發出的閃躲訊號、偷走東西然後向東西被偷走的對象炫耀等。就像人一樣,人在害怕、不舒服、覺得脆弱、受威脅,或純粹尚未學到何謂適當舉止時,會運用某些行為,狗也是如此,我們知道狗並不是刻意想這麼做才出現這些行為,而是情緒驅動了行為。

　　當我們開始了解狗的行為並非出於惡意,而是不喜歡日常生活中的某件事,或是不喜歡我們與牠做的某件事,也許我們就可以更有同情心,因為狗的行為是一種溝通方式,告訴我們某件事物很可怕,讓牠感到不安,牠也需要協助才能解決上述狀況。我們可以時時支持狗兒、理解狗兒、幫助與引導狗兒改用其他選項,並努力建立牠的信心,善用界線與屏障,當狗夠信任我們,就能感到安心,霸凌行為就可能自然消失。處罰、要求、命令只會讓事情更糟,使霸凌越演越烈,變得非處理不可。許多時候狗之所以出現霸凌行為,是因為過度自由或不夠自由,或教養方式不一

致，有些狗則可能被其他動物或人霸凌過，之後自己又重複同樣的行為。

後來我協助自己的狗狗海格，讓他感到安全，有人支持與關愛，所以大部分的時候，牠已不再使用霸凌行為來控制我或我的家人。我覺得很有意思的一點是，海格感到比較脆弱時，可能還是會走回老路。他每天都需要應付許多健康問題，對於周遭環境的意識比較薄弱，所以有時可能比較不舒服，但有界線來保護他與我們，他就不必使出霸凌行為。不過狗就和人一樣，人有時也會犯錯，而且事情可能不盡然照計劃走，意料之外的事有時還是會發生，在那當下，我們只能善用現有的資源，竭盡所能來處理。因此，我們必須接受有些狗兒的確狀況，就像人也絕非完人，但我們可以選擇保持彈性，把一切所需都準備妥當，盡可能使生活更愉快舒適，如果海格的霸凌行為越來越嚴重，我們就必須檢討自己做了什麼，如此而已。

一開始海格會對我低吼，但我尊重他的溝通方式，我設定了規矩，而且因為我與家人執行規矩做法一致，所以海格就了解自己可以做什麼，哪些事情則不被允許。

大部分的過程都是透過肢體語言進行，話說得很少。我從不責罵狗，因為狗根本學不到我們說的話背後有何意義，狗只知道我們在生牠們的氣，而且這也不利我們與狗的關係。其實，不僅僅是人狗關係，這種做法對任何關係都會造成負面影響。

先前我只是忽視自己不樂見的行為，但現在我已學會如何處理我不喜歡的行為，視情境使用不同的技巧。使用的技巧因各種因素而異，例如行為的強度、頻率、持續多久等，狗溝通的目的就單純是「溝通」，就算我們不喜歡狗所展現的行為，其實狗就是在告訴我們某件事，我們必須傾聽，用幫助狗的方式來回應。狗出現這些行為並不是要故意惹我們生氣，我們何不接受這一點？狗會出現某些行為，是因為有某件事讓牠惱怒不安，就像寶寶哭了就是需要我們幫忙一樣，狗的行為背後一定有個合理的理由，你要做的就是去找出原因究竟是什麼！

海格已經學到，不會有什麼可怕的事情會發生在牠身上，他到我們家之後也的確沒有遇過任何壞事，我們尊重彼此，透過這種做法，海格也不再嘗試控制我與家人。

◀我之所以用這張海格與我孫女的照片，是因為從照片可以看出海格過去如何霸凌別人：以前他會從背後靠近我兒子，然後咬我兒子一口。從背後靠近是惡霸常見的做法，不過在這張照片裡，海格只是表示興趣。我們在觀察行為時，千萬不要光憑狗兒行為的單一層面就妄下結論，這一點很重要，應該先觀察一段時間，然後根據所有證據審慎得出結論（請參見 117 頁）。

海格經歷過「減弱支配行為」的方法（也就是控制），我確信就是因為這樣，所以海格對我青春期的兒子特別會出現霸凌行為。

海格以前會緊隨我兒子，我兒子一移動，或只是手稍有動作，海格就想從後面咬他。

我在採取的行動（也是本書的內容）迥異於許多「行為專家」的建議，但結果我跟海格的關係，是我照顧過的狗中最好的，海格也不再霸凌任何人。

其實我現在才算真正照顧到我的狗狗，我也意識到幾年前，我忽略橘子 (Jaffa) 的需求，反而只是控制她。橘子是查理士王小獵犬，她不敢對任何事有反應，當時她各種疾病纏身，包括很嚴重的結腸炎，她的疾病主要就是壓抑過度的結果。但她現在已不再有這些病痛，主要原因就是我學會了如何理解她所發出的訊號，原本橘子已經放棄溝通（關機了），因為從她的角度來看，溝通根本無效。

▲我現在讓橘子探索，以前橘子有這種行為我就會制止她，但現在的我會把不想讓她拿到的東西移開，讓她自由可以自己做決定，建立自信，橘子的健康也大幅改善。

我完全沒注意到橘子想告訴我的訊息，只是把我的教養方式強加在她身上，其實教導狗兒再度嘗試溝通是有可能的，我們必須尊重狗的想法、給狗選擇，停止所有像是「坐下」、「趴下」、「腳側隨行」等控制指令，也不要因為想讓狗「社會化」而再逼迫狗兒接近同類。我跟橘子就學會如何享受彼此的陪伴，一同度過美好時光。

現在橘子變得很容易召回，因為她想跟我在一起，此外她的健康狀況也好轉了，結腸炎好幾年都沒有發作。在此之前，橘子常常會跑掉，我雖然試著與橘子建立良好關係，但我用的是過去學來的預防與管理技巧，當時要教導橘子可能比較困難，因為我一開始就用高壓的方法，所以過了一段時間以後她才願意信任我。

◀許多時候霸凌行為其實很細微，所以人類很少注意到一個屋簷下的狗是怎麼溝通的。照片中的獒犬考斯時常控制橘子，考斯透過給橘子「某種眼神」來掌控空間，考斯也會限制橘子接近水碗與其他資源。附近有管事狗，會讓一些狗無法自在地喝水吃東西，其實換做是我，我也會感到不對勁。

我相信考斯之所以變成惡霸，是因為我過度使用指令，加上不好的訓練經驗，以及幼犬時期過度自由玩耍，沒有任何規矩使然。

重點一覽
霸凌

 在各種情境之下觀察狗的行為很重要，要考量了所有證據才能下結論。

  狗或人之所以出現霸道行為，是因為他們沒有安全感，或是感到不安。

  使用非對抗性的方法，可以讓人狗建立相互尊重的關係。

  以控制支配為基礎的訓練可能導致狗出現霸凌行為，因為牠在受訓時學到的就是控制支配。

肢體語言的必要

肢體語言對於溝通與生存而言至為重要,我們不一定會意識到自己在使用肢體語言,但狗一定會注意到,也會回應我們的肢體語言。

🐾 狗狗 & 人類 🐾

　　狗使用各種訊號，向其他狗表達自己的感受與意圖。不論我們嘴巴怎麼說，我們人類也會使用訊號來向他人表達我們的感覺。我們透過微笑來表示自己開心又和善，向他人保證我們沒有惡意，但面對一個意圖不明的人時，我們也可能緊張地微笑，或許是要說服對方做出一樣的動作，又或者是安撫對方。別人說話惹我們不開心時，我們可能會雙手抱胸或翹二郎腿來形成屏障保護自己，因為我們感覺脆弱，不過以上肢體動作的發生情境與脈絡很重要，必須將之列入考量，也許翹二郎腿只代表這個人很冷或單純是想跑廁所！

　　每隻狗都有自己經常使用的一些訊號，比如我有一隻狗是興奮起來就狂打噴嚏，另一隻狗則是呵欠頻頻，牠不知道要做什麼或感到不自在的時候，就會抓抓自己，多半還會再打個呵欠。有時候大人逗小孩，小孩可能會遮臉、扭來扭去、把頭埋在抱枕中來躲避大家的注意，因為他們不知道該怎麼做，才能逃離成人的目光與笑聲。

　　有些狗也會「耍呆」，用跟小朋友類似的方式扭來扭去，許多黃金獵犬有點不自在或不知所措時，可能會抓抓自己，我這裡的意思並不是說狗兒感到尷尬，而是牠們的動作是一種訊號，表示當下的情況讓牠們不自在。

　　同品種的狗常有同樣的慣用訊號，但我也看過有些狗會模仿別的狗，以同樣的訊號來回應。黑狗似乎經常使用舌頭或嘴巴來溝通，比如說舔舌、打呵欠，也許這是因為黑狗的臉部訊號不容易看清楚，但在黑色毛茸茸的背景之下，舌頭或嘴巴就看得比較清楚。

就像不同品種的狗會有不同的慣用訊號，來自不同文化的人也是如此；來自同個家庭的人即便一出生就與家人分開，也還是會有些類似的習慣動作。我們人類有各種因應尷尬場面的方法，例如有些人可能會摸摸自己的脖子、把手指放在嘴上、捲弄頭髮等，還有些人可能會模仿對方的肢體語言，或是假裝在看別的東西，其實狗也會這麼做。簡單來說，狗也使用大量肢體語言來跟彼此「說話」。

　　人類碰到不喜歡的情境可以選擇離開，但狗很少有這個選項，所以牠們會使用肢體語言來維持氣氛平和。

　　只要了解狗細膩的肢體語言，我們就很容易看出兩隻適應良好的成犬見面時，其實雙方是在進行對話，你常常可以觀察到狗會採取與對方對稱的方向和姿態，確保會面氣氛平和。

◀這兩隻狗彼此認識也喜歡對方，牠們見面時態度平靜有禮，身體彎曲，尾巴在同一高度搖擺，耳朵放鬆，站姿類似並對稱。如果兩隻狗互不認識，直接迎面而來可能是無禮的行為，不過兩隻狗若熟識就比較不成問題。

👆 兩隻狗見面的理想方式

1 A狗在散步，一邊東聞西聞，然後看到遠遠有另一隻狗走過來。

2 A狗馬上撇開眼神，假裝在看另一方向，有禮貌且適應良好的狗會避免直視，因為這種行為可能看起來有侵略性。

3 這時A狗其實離B狗距離還夠遠，A狗可選擇朝另一方向離開，事情到此結束。

4 假如兩隻狗持續朝對方前進，現在B狗也看到了A狗，然後做出同樣「撇開眼神」的動作。

5 這樣就是一個好的開始，因為這是有禮貌的肢體語言，代表兩隻狗當下都沒有挑釁的意思。

6 兩隻狗靠近對方時，都會先稍微放慢動作，而且會短暫瞄一下對方就往別的方向看，A狗可能會假裝地看到遠處有個東西，似乎是專注看著那個東西。

7 兩隻狗再更為靠近彼此時，B狗可能會聞聞地上，然後一邊確認往自己來的這隻狗仍不會造成威脅，隨著兩隻狗之間的距離縮短，牠們可能會輪流嗅聞環境，一隻狗低頭左右聞聞，但也給對方接近的機會。

8 接近時，兩隻狗可能會向彼此做出某些臉部表情，例如舔嘴唇、瞇眼睛等，然後低頭、把頭或身體轉開，尾巴位置相當自然放鬆。

9 見面快結束時，兩隻狗可能會將身體以彎曲姿勢站在彼此的旁邊，這種姿態不僅可以避免看似具威脅性的正面接近，同時狗也不須直視對方。最後兩隻狗可能互聞對方屁股。

10 兩隻狗經過對方之後，可能都會回頭看，而且也時常會接著甩甩身體，或許用意是擺脫見面的緊張。

🐾 兩隻溫和有禮的狗見面

　　我帶橘子去散步時，碰到一隻沒上牽的狗，兩隻狗的見面基本上以相當有禮貌的方式進行，但橘子覺得對方聞屁股的動作有點超過。

兩隻狗的肢體語言都非常棒。

　若牽繩緊繃，有些狗在見面時會出現攻擊性的行為，牽繩緊繃可能造成緊張局面，不過視技巧與經驗而定，放鬆的牽繩也可能使其中一隻或兩隻狗感到缺乏飼主的支持，長牽繩上有點張力對狗可能比較好。適當的牽引加上與狗的正向關係，對於兩隻狗見面的結果具有重大影響。

圖 1 ／前兩張照片顯示白狗靠近時，橘子的身體呈彎曲狀態。

圖 2 ／兩隻狗繞過對方，白狗彎曲身體，然候來聞橘子。

圖 3 ／橘子感覺不自在，似乎看到了遠方某樣東西。

圖 4 ／橘子轉頭盯著白狗，白狗將頭與身體都別過去。

圖 5 ／橘子再次彎曲身體，白狗離開。

人類見面的情境

　　我們比較一下人跟狗的行為，兩個人在鄉間散步時遇到對方會發生什麼事？

❶ 你獨自一個人欣賞美麗的鄉村風景，並沈浸在自己的冥想之中，你抬起頭時，發現有個人朝你的方向過來，如果你是女性而來者是男性，你可能會認為這情境有些危險。

❷ 旁邊都沒有其他人，你馬上跳脫原本平靜的心理狀態，你或許會假裝還沒注意到這個人，假裝對周遭環境很感興趣，這可能會給你一點信心，避免尷尬地盯著陌生人看。

❸ 有機會的話，你可能會逃之夭夭，往另一個方向走，但我們這裡假設你沒有這麼做好了。

❹ 好，現在你們看到彼此了，已經無法避不見面了。

❺ 你走近時將手放在口袋裡，你們兩人都把眼光撇開，而且你還一邊看手錶（但其實根本沒在看時間）。

❻ 對方也把眼光移開，避免直接盯著你看。

❼ 對方可能開始玩他的（什麼呢）……原來是手機。

❽ 你可能調整一下衣著、摸摸口袋裡的鑰匙或其他東西、抓抓脖子，緊張地動來動去。

❾ 另一個人可以看出你不具威脅，沒有要傷害他的意思，希望對方也是如此，讓你能繼續走。

❿ 人類也常常模仿對方的肢體語言，你從他身旁繞過，拉大彼此的距離，也可能是對方這麼做，又或者你們兩人都稍微往旁邊靠一點。

⑪ 你們兩人的臉部表情都相當放鬆，可能還會向對方擠出個（眼睛沒笑的）假微笑，或是小聲打個招呼，並短暫瞥視一下對方。

⑫ 你們經過對方後，可能會從安全的距離回頭看一下。

⑬ 對方或許也會如此，但如果你也剛好回頭看就尷尬了！

▲大人與小孩模仿彼此的肢體語言。這就是小朋友學習生活知識、學做事的方式，小朋友很擅長模仿大人來學習各種事物，不論這些事情是否適合小朋友。

🐾 我們也相去不遠，對吧？🐾

　　人類與狗其實沒什麼大不同，但我們對於自己實際做了什麼有所覺察嗎？很多時候我們沒多想就直接做出某行為。我們可以做的就是承認狗其實也一樣，牠們跟我們有類似的情緒，針對狗所面臨的情境，我們必須給予適當的肢體訊號，除非我們進行必要的調整來適應，不然狗可能難以有效溝通。如果狗被迫面對牠想避免的情境，牠們就很難守規矩，因為狗的直覺會驅動牠們出現某些行為，特別是被緊繃的短牽繩限制時。

> 狗一般很少「直來直往」，牠們偏好繞弧形來給對方空間，但是許多人行道或步道並沒有足夠空間讓狗繞路，人們又常常帶著狗在狹窄的人行道上朝著另一隻狗直直前進。

　　我們現在來看一下，人類看到狗朝他們來時會怎麼做，不論狗身邊有沒有飼主：

　　很多時候我們會直接朝著狗與飼主的方向走，而且與狗直接眼神交會，人類很少用這麼非正式的方式與陌生人打招呼，如果陌生人這樣對我們，我們會有什麼感受呢？對狗來說，這種行為可能相當具有威脅性，我們如果能想一想該怎麼接近狗，例如放慢腳步、從牠們旁邊繞過去、不要眼神直視，並且避免誘惑，不要去摸不認識的狗，其實就能讓狗在面對此情境時更為自在。

重點一覽
肢體語言的必要性

 狗兒會運用各種訊號，向其他狗表達自己的感受與意圖。

 每隻狗都不一樣，而且會使用自己偏好的肢體語言訊號。

 如果碰到不喜歡的情境，人類可以選擇離開，但狗很少有選擇可以這麼做，所以牠們會使用肢體語言來維持平靜的氣氛，狗也必須要有空間與自由來運用肢體語言，使用較長的牽繩可以讓狗更有機會自由運用肢體語言。

 狗一般很少正面接近，牠們偏好以曲線行進來給對方空間，但是許多人行道或步道並沒有足夠空間讓狗繞路。

小小改變大大不同

有人警告過我麋鹿幼鹿絕不會接近任何人，但我光是改變
肢體語言，就有了不同的結果，在一旁觀看的動物園員工
也很驚訝，麋鹿竟然選擇靠這麼近。

> 透過學習與理解狗在不同情境下想表達什麼，我們就能辨識自己對於狗有何影響，接受了這一點，我們就更能做出改變，讓狗的生活更自在，不論是我們自己的狗，還是我們遇到的其他狗。如果我們能根據動物的肢體語言適當改變自己的肢體語言，大部分的動物就比較不會覺得我們帶有威脅。
>
> 在改變初期，設身處地理解狗兒是我們能做的最佳方式。

我建議使用一些「對狗友善」的方式，例如想辦法抵抗誘惑，不要一接近狗就伸手摸，而且要避免眼神直接接觸，也要注意自己跟狗說話的方式，語氣溫柔，輕聲細語。

如果狗感到自在，牠們自己會過來聞聞你的味道，所以請讓狗決定什麼時候要來，然後禮貌地走開。有些狗對聲音並不特別敏感，牠們可能會忍受你輕聲跟牠們說話（但不是「對著」牠們說話），我們也不必跟狗第一次見面時就一定要摸牠們，當然要剝奪自己這種樂趣很痛苦，但只要願意嘗試就做得到。假如有人向狗伸出手來，你可以發現狗會向後退、低頭避開伸出的手、轉到其他方向，並且會打呵欠，或是發出其他輕微溝通訊號，有時還可能嘗試離開該區域。

另一方面，狗的反應也可能是扭來扭去，變得過度興奮，甚至可能跳上來，有些人也許會制止狗，但其他人可能會鼓勵這種行為，這更是讓狗覺得困惑。

狗蹦蹦跳跳的反應不代表喜歡人類摸牠，反而通常是一種應
對策略，狗想表達的是牠其實對這個人感到不安。

　　除非雙方很熟，否則狗其實很少觸碰彼此。對於狗而言，觸碰可
能是一種對立、衝突或表達交配欲望的形式，牠們在嗅聞其他的狗
時，使用的是另一種接觸方式，通常是把鼻子湊到其他狗的屁股，
態度不具侵略性，只是「聞個究竟」，只要嗅聞時間不要太久，一
般而言這種觸碰形式狗是可以接受的。

　　與狗相較之下，人類通常更喜歡觸碰，觸碰方式也不同。一般來
說，我們可以了解各種不同觸碰背後的意圖，但除非某個人跟狗非
常熟，否則最好不要跟狗有太多肢體接觸，觸碰這件事還是留給人
類就好了。

　　許多小朋友喜歡讓熟識的大人抱，但是陌生人又另當別論了，其
實這點對小朋友或成人都適用。

　　今天假如有個陌生人走向小朋友，而且竟然膽敢伸手摸小孩，家
長會怎麼回應？你有沒有試過在某人專心做事時跑去搓他的頭髮？
對方的反應是什麼？狗常遇到這種事，這樣你知道狗的容忍度有多
高了吧？遺憾的是人類太常侵犯狗的空間，但只要我們了解這一
點，不管遇到什麼狗，我們可以更有意識地知道自己對狗的影響，
給狗更多尊重。

◀兩個小男孩在鄉村園遊會中玩得不亦樂乎,如果這時有陌生人朝小男孩走來,摸摸他們的頭與身體,或是盯著他們看(我們不是都教小孩不要盯著別人看?),小男孩的父母八成不會給這陌生人好臉色看。假如有不認識的人過來摸他們,小朋友可能會開始反應,也許是跑走或表示不滿,也可能從此害怕陌生人,就跟許多狗兒一樣。

　　視先前的經歷而定,大部分的狗都會習慣飼主的摸摸或抱抱(但這不代表狗就一定喜歡這種觸碰)。我們不應期待狗也要忍受其他人對牠們做出同樣舉動,所以也許要嘗試保護自己的狗,並教育他人。有些狗喜歡別人摸,但大多數的人其實沒有能力分辨狗是喜歡,還是忍耐(感覺沒有別的選擇,只好容忍別人摸),又或是沒有安全感。

> 　　因此,一大重點是每位跟狗接觸的人,都要了解狗如何溝通、想告訴我們什麼。唯有如此,我們才可能知道摸狗是否恰當。在整個互動過程中,我們也必須持續觀察狗的溝通訊號。

　　觸碰相當重要,因為觸碰是生存的基本需求,也可以是美好的經驗,讓生活更美好,或是舒緩疼痛與不適,但我非常清楚,如果我請別人不要碰我的狗,結果他們卻忽略我的請求我會作何感想。你情我願的撫摸很好,所以如果狗表達已經準備好接受撫摸,或是某種方式的觸碰,當然就沒有關係,可是我們必須確定自己並非不經意地濫用了狗兒願意合作的個性,只為了滿足我們自己想要摸狗的

願望。我們觸摸狗的理由不一而足：因為我們喜歡狗，摸狗讓我們感覺很好；可能是狗要求跟我們互動；也可能因為摸狗是我們找事情來做；或是有些狗需要梳毛，但狗沒辦法自己來；又或是因為我們在進行所謂的轉移行為，為自己的內在情緒找出口，例如在街上跟某人聊天或講電話時，或是在獸醫院緊張地摸狗煩狗，諸如此類。

光是看著狗或人，或跟他們說話，就是一種聯繫，對於任一方而言，這可能是美好的相遇，也可能是可怕的遭遇。

在違反自己的意願下被觸摸會帶來不良後果，也可能會有長期影響，端視觸摸如何進行、人與動物有何感受，以及這種情形多常發生，但只要沒有先取得同意，觸摸的行為就八成具有侵犯性。狗可以表達自己喜不喜歡被觸摸，但前提是狗要有機會表達，這也是狗必須學習的一件事。常見的情形是：比如說狗出門散步（或是在家裡），這時可能有狗從沒見過的陌生人走過來摸狗，狗飼主很開心別人注意自己的狗，所以也鼓勵陌生人的這種行為，從此之後，狗遇見任何人就預期會有觸摸的行為發生，也常因為這個預期，或可能是因為焦慮而扭來扭去、蹦蹦跳跳，但不是每個人都能接受狗扭來扭去、蹦蹦跳跳的行為，因此狗可能遭到責罵，然後飼主叫狗下來。有些狗被摸時會靜止不動，這樣的狗大家很可能覺得很乖，但事實上這種狗內心也許感到相當不安，僅是設法應付陌生人的觸摸而已。無論是上述哪一種情形，人類已在狗的心中造成不確定感，而狗的行為也很可能是對於這不確定感造成的。此外，場面靜止加上旁人的關注只會讓狗壓力更大，假如狗所在之處少有機會甚至是完全無法利用環境轉移注意力，狗就會更難以應付人類這種侵犯行為。

舔舔摸牠們的人、躺下來露肚、變得活躍興奮、啃咬牽繩、推或靠在人身上等行為均是轉移行為，但這種轉移行為很容易被誤認為是狗想要人摸牠們。小朋友在別人注意他們時，也會搞笑或表現興奮，其實就是在賣弄，但小朋友也可能黏在爸媽或是讓自己覺得有安全感的大人身上，所以小朋友的行為不代表他們喜歡成為眾所矚目的焦點，反而比較可能是因為他們覺得不安與尷尬。

　　有些被救援的狗不喜歡被觸碰，因為牠們曾傷透了心、失去信任感，或是曾遭到暴力與不當對待；也有些狗與人之間沒有太多連結，或是只有負面的經驗，比如說來自繁殖場、實驗室的狗，甚至是有些家犬也可能少有、甚至完全沒有被人類觸碰的經驗，或只經歷過不當的觸碰。在極端的情形下，我們友善地向狗伸出手，狗卻可能齜牙裂嘴加上吠叫嚴厲拒絕：「手拿開！」，然而只要我們展現善意、愛心，善體狗意，注意狗的溝通訊號，狗也可以克服過去的負面經驗。耐心等候狗兒表示對於你的靠近感到自在，完全一派輕鬆的樣子，過了一段時間才可以開始嘗試接觸，如此一來，你就可以幫助狗兒慢慢建立／重建信任。這個過程急不得，需要花時間（有的狗可能需要好幾個禮拜、好幾個月，甚至更久），發揮耐心，永遠尊重狗的意願，但狗是可以學會再度信任人類的，對於人狗而言，這都會是非常有收穫的體驗。

圖1／花時間與你的狗相處，彼此建立關係，使用放鬆、開放的肢體語言，就比較不需要要求或叫狗做什麼事。適度接近狗的側邊，同時尊重狗的空間，鼓勵狗自己想跟你在一起。

圖2／在這張照片裡，我根本不用說，海格就朝我的方向轉。簡單來說，適當運用長牽繩做為界線，再加上時間、耐心、相互尊重、良好的關係，以及正向的肢體語言，有了這些工具，你就能跟狗自然互動。

圖3／我跟在海格身邊，牽繩稍微有些張力（由海格控制）以他可以感覺到我們要走哪一個方向。因為我有耐心，知道這種與狗相處的方式，所以我可以給海格他所需要的時間，讓他去消化、處理自己得到的資訊，等他準備好了再自願跟我走。海格嗅聞時我就等他，長牽繩連結起你跟狗，也是有用的工具，可幫助狗建立信任與自信。

4

圖 4／海格跟我朝同方向走，我們選擇跟彼此在一起。拍這張照片時，海格
來我家兩年了，兩年前他不信任人類，不僅會扯牽繩，自己遠遠留在 8 公尺
長牽繩的另一端，而且也從來不會回頭看牽繩另一頭的人。長牽繩讓狗安心，
也是正向、必要的工具，因為狗知道飼主就在附近，給狗安全感。此外，長
牽繩也有助狗與飼主的關係發展，但前提是人要尊重狗所發出的溝通訊號。
沒上牽繩的狗容易遇到其他狗接近，即便牠們不喜歡其他狗接近，另外沒有
繫牽繩的狗也可能會追逐野生動物、有機會學習如何霸凌，或是自己易受霸
凌，因而喪失自信心。用了長牽繩，你就不用擔心狗叫不回來，移除了這一
種人狗關係的潛在負面壓力。在時間地點都合適的前提下，放繩對狗是好的，
不過就算飼主善於辨識狗的溝通訊號，人若離狗太遠，就很難發現狗與狗之
間的相遇進行得如何，所以無法有效回應可能的問題。

下方照片說明人的動作對狗有什麼影響：

圖 1 ／我的手在海格胸前，他對於這個動作感到相當自在，而且身體靠向我，嘴巴也放鬆。

圖 2 ／我把手向上移，摸起海格的耳朵，他變得不自在，身體稍微傾向另一側，轉頭，嘴巴也閉起來。

這是我第一次與海格見面，所以對他而言，檢查他的耳朵是很侵犯的舉動，他會回應我手的位置與動作。

圖 3 ／我持續把手伸向海格的耳朵，他的重心繼續外移，更進一步遠離我，並微微抬起一隻腳，耳朵向後貼，下顎緊繃，還一邊注意我，這代表他對於我手的動作很不高興。

圖 4 ／我將手放回海格的胸前時，他又再次把重心朝我的方向移動，他的頭也更接近我的頭，不過他的嘴巴還是閉起來。海格看著我的臉，我也用柔和的表情回應，並稍微眯起眼睛（小心不要直直盯著他，因為這對狗來說帶有威脅），也把頭微微別過去，讓整個情況更自在。

重點一覽
小小改變，大大不同

在改變初期，設身處地理解狗兒是我們能做的最佳方式。

與多數狗相較，人類大多更喜歡觸碰，也會以不同方式使用直接觸碰，但除非某個人與狗非常熟悉，否則觸碰這件事還是留給人類就好了。可以試試教導跟狗比較不熟的人，讓他們知道如何以禮待狗：避免直接眼神交會、觸摸與口語溝通。

狗蹦蹦跳跳的反應不代表牠喜歡人類摸牠，反而通常是一種應對策略，狗想表達的其實是牠對這個人感到不安。

犬類溝通訊號

狗向對方表達自己的意圖。成犬繞弧形、低頭翹起尾巴、
頭轉到側面（避免眼神直接接觸）。年輕的狗做出邀玩動作，
高舉尾巴向年長的狗搖尾示好。

🐾 狗狗

【中低程度訊號】

狗用這些訊號跟其他物種溝通，我也看過好幾次其他動物使用同類型的訊號：

- 舔舌
- 抬前腳
- 撇頭
- 忽略
- 尾巴放低
- 瞇眼
- 嗚咽★
- 眼神飄走
- 眨眼
- 聞地面
- 低頭
- 打呵欠
- 打噴嚏
- 抖身體（身體不濕卻甩身體，就像在近距離接觸或稍微可怕的時刻過了之後，我們會伸展或深呼吸一樣。）

【較為強烈的訊號】

狗開始焦慮起來，更直接清楚地表達牠的感受：

- 身體轉向
- 趴下
- 坐下
- 定格
- 尾巴夾在兩腿之間
- 低吼★
- 露牙
- 向前衝
- 向前衝同時吠叫★
- 身體放低
- 身體緊繃
- 腳掌出汗
- 嘴角向後拉或呼吸急促
- 吠叫★
- 突然精力旺盛
- 動作變活潑
- 喘氣
- 坐立不安
- 憂鬱／「關機」／對什麼事都沒反應，一般人眼中的乖狗，但「淡定到很不自然」，這跟放鬆是兩回事。

★這些聲音訊號可能會伴隨肢體語言出現。

【討好訊號】

用來表示善意、表明不具威脅：

- **成犬出現幼犬的行為**，全身彷彿都在開心地扭動，通常身體是圓的，先放低身體後端，然後再放低身體前端。
- **躺下來翻肚**
- **跳起來**
- **因為興奮或恐懼而尿尿**

【轉移訊號】(displacement signal，或譯替代訊號)

挫折或焦慮之下的因應策略：

- 躺下來露出肚子
- 挖地
- 咬東西，通常是咬牽繩
- 追尾
- 拉扯衣服
- 啃自己的腳或其他身體部位
- 搔癢
- 跳起來，引起注意
- 追蒼蠅
- 追影子
- 騎乘
- 猛扯牽繩
- 發抖

　　當中某些訊號會出現在不同的類別，視個別狗兒與當下狀況而定。以上只是列舉一些你可能會看到的訊號，但狗的溝通訊號絕對不只這些。

◄跟著我們散步的山羊「印度餅」和貓咪「孚立維」做出了轉頭動作。鏡頭對準了他們，他們就轉頭躲開鏡頭，都假裝看到了令他們感興趣的東西。人想要避開某些人或事情時也會這麼做，我們會轉頭假裝在看其他東西。

▲挖土：對這隻狗來說是替代行為，但對另一隻狗來說就不見得。所有的情境都應該個別評估，根據脈絡來判斷行為。

▲希臘薩索斯島上的流浪狗。

注意他們的溝通訊號：抬腳掌，低頭，（一人兩狗都）轉頭。我的手放在白狗身上，這可能是她低頭的原因。如果狗的腳掌搭在另一隻狗身上，會被視做威脅的動作。低頭是常見的溝通訊號。白狗嘴巴微張，尾巴半放鬆，這表示她雖然朝我過來，但這情境可能讓她有些不自在。在我跟她相處的時間裡，她總是使用討好的肢體語言，讓我特別喜歡她。

 # 人類

　　如果我們無法辨識狗的溝通，這就等於狗說的話沒人聽。狗會先做出一系列的訊號來表達情況讓牠不自在，可能也做出了好幾種其他行為，最後才開咬（開咬了人通常就會注意了！）。

　　我們可能忽略了溫和的訊號，因為不曉得、認不出這些訊號也是一種溝通方式，但當狗給出更明顯的訊號時，例如跳起來、低吼、露牙、向前衝、吠叫、空咬或開咬，我們卻往往處罰狗兒。你是否遇過沒人聽你說話、需求得不到滿足的情況？你是否曾經試著表達意見結果卻被處罰？想像這樣的事情在你生活的各個面向每天發生，職場上、家庭裡、各種社交場合都是如此，被人視而不見到這種程度可算是一種霸凌，這是什麼樣的生活？你是不是會鬱鬱寡歡？或者出現相反的行為，不時暴怒失控？狗這麼做的話很可能會被安樂死，但大多數的狗一生都忍受這種剝奪。

◀人、山羊、貓都在溝通，轉頭不看攝影機，裝作不知道我站在他們面前拍照。每次我將鏡頭對準貓跟山羊，牠們要不是轉頭就是身體整個轉向，好像對其他事物有興趣，但其實根本沒其他東西好看。牠們用這種分散注意力的行為來避免麻煩，避開一個對準牠們的奇怪東西。

重點一覽

犬類溝通訊號

 某些訊號會在不同情況下出現，視狗與情境而定。

 當狗覺得對方不了解牠的表達，牠的溝通訊號強度就會升高。

 當狗給出較為明顯的訊號，例如撲跳、吠叫、空咬或開咬，常常會被人處罰。

 明顯的訊號是狗類行為中的「最終手段」，我們絕對可以避免事情惡化到這種程度。

我的狗狗焦慮嗎？

焦慮有時相當明顯，但不見得都很明顯，我們只要學會觀察狗，辨認牠們所發出的訊號，就能及早發現狗的焦慮狀態，也有機會可以避免逼迫狗兒陷入牠們難以面對的情境。

🐾 狗狗

我們要怎麼知道狗能否處理生活大小事？

> 如果狗有足夠的時間，可以從每次的興奮或焦慮事件中恢復，
> 那麼狗就較能處理生活中發生的各種事件。

　　每一隻狗需要的恢復時間不同，請記得我們人在歷經生活中的起起伏伏後，通常不會給自己太多時間重回正軌，但一般而言，狗需要的時間比較長。狗看起來似乎很快就從各種事件中恢復，但這很可能僅是表象，就像人在感到脆弱時也會假裝一樣，因為這是一種生存機制。其實只要有機會，許多動物，包括狗在內，通常會採取比人類慢的生活步調，或許我們可以向動物學習寶貴的一課，這對我們也會有益處。對於大部分的狗而言，就算是相當一般的經驗，例如看獸醫、經歷雷雨天氣、有很多訪客來家裡等，都可能需要長達一週的時間才能恢復。

　　發生讓狗焦慮或興奮的事件後，最好先一陣子不要讓狗做太多事情，這樣牠們才可以休息、好好睡覺。半小時內的平靜散步即可，視狗的品種與個性、牠對環境的感受，以及健康狀況而定，有些狗可能覺得每天散步很痛苦，假如狗的身心健康或情緒狀況不佳，那就需要更長時間才能從壓力事件中恢復。此外，若事件本身較為極端，例如住狗舍一段時間、走失、遭受攻擊等，需要的恢復期就更長。

一般而言，本書中說明的低度訊號都是相當正常的行為，僅是表示認知到周遭發生的狀況，就像我們在思考、等待或跟別人聊天時，可能會捲弄頭髮、摸自己的臉等等，低度訊號常在兩隻狗兒相遇時出現，特別是兩隻狗都友善且謹慎時。

> 然而，若訊號是一大堆同時出現，或是一個接一個快速出現，並且變得更為強烈與誇張，這表示狗很可能覺得這情境太過於困難。

我們再回到人類跟狗打招呼的例子，有些狗比較無法忍受人類往自己靠近，這種狗看到陌生人朝自己來時，可能會暫時僵住，很多時候人類會持續前進，因為他們認為對於人或狗來說，狗定住這個動作並不是什麼問題，但人類繼續走來時，狗可能會轉身，並一邊觀察人類，假如狗要求對方有禮貌卻遭到忽視，那麼人向前伸手要摸狗時，狗可能會閃躲迎面而來的人並放低身體，也可能嘗試逃跑，但如果有牽繩當然就跑不掉。

這種情況可能重複上演，狗也可能會嘗試各種不同的策略，例如繞弧形來避開人類，或試著吠叫。此外，若狗不斷面臨同樣令牠感到不自在的情境，牠的行為可能升級至猛撲、低吼，甚至是更不好的行為，然而，不是所有的狗都會用這種方法來表達，也有些狗在散步時會碰到某些觸發刺激，只是狗學會忍受，這對狗來說並不公平，但有些狗就默默忍受。

我要強調若是一大堆訊號同時出現，或混亂地快速接連出現，那麼狗幾乎一定是感到不自在，而且我們如果不去處理，狗就很可能會發展出壓力相關問題。

假如壓力事件偶爾發生，比如說每幾個月一次，而且狗有恢復的時間，中間也沒有太多事情發生，那狗可能就比較能容忍壓力事件，身心健康不會受到太大影響，但令人難過的是，其實許多飼主都在無意間讓狗太常面對壓力。

人類

我們是不是可以學著更加相信自己的直覺？我們一旦開始養寵物，牠們的幸福就是我們的責任，我們也會去判斷到底怎麼做最符合寵物福祉。如果我們感覺某個人或某種情境讓狗不自在，就算我們無法明確指出究竟是什麼讓我們感到擔心，我們也會採取行動來保護狗，比較好的方式是直接將狗帶離可能會造成壓力的情境，而非繼續忍受下去，巴望情況會好轉。在家裡，或是上著牽繩時如果發生了棘手的情況，狗通常無法做出必要的改變。既然我們剝奪了狗的選擇，讓牠們無法逃離令牠們不舒服的情境，協助牠們自然是我們該扮演的角色。

▲這隻狗處在讓牠擔心的情境下，牠透過嗅聞地板來因應，許多狗都會利用嗅聞來分散注意力，假裝牠們沒有看到什麼東西。這隻狗必須在一個非常難熬的環境中設法自處：身旁都是人，沒有地方可以去，而且還被緊繃的牽繩與項圈限制住，這隻狗會有什麼感覺？請設身處地想想，假如你被綁在一個地方，身邊都是陌生的人跟狗，你對他們說的話沒人聽得懂，你會怎麼處理？如果是我，我一定會極度擔心自己的安危。

▲海格遇到困難最常用的溝通訊號就是先打呵欠，然後再抓抓自己，牠因為皮膚問題而經常抓癢，也學會將搔抓做為最慣用的溝通手段。海格過去由於霸凌、人類的指令與吼叫等而歷經了很大的壓力，因此人類對牠來說壓力原本就相當大，海格搔抓時，我知道牠碰到了難關，所以我會盡可能改變當時的情境，例如調整讓牠不安的事情（通常跟人類活動有關），或是將牠帶離問題本身。

🐾 我們可以怎麼做？

① 首先，最好的做法就是將狗帶離該情境，但不要拖牠們走，因為這只會讓牠更焦慮，或者是可以盡快調整情境本身，並且在整個過程中使自己與狗都保持平靜。

② 分散狗的注意力可能有用，但如果狗已經「盯住」該事物，那就可能為時已晚，許多狗需要觀察一陣子，才能評估到底發生什麼事，但對於有些狗來說，只要過於接近讓牠們擔心的事物，牠們就可能停格或是出現反應，假如狗無法自行離開，通常比較好的方式是：我們要保持冷靜與穩定，並緊跟在狗身旁支持牠，讓狗知道這情況我們會處理。然而，有些時候介入隔開狗與刺激可能有用，狗在遇到困難時，本來就會進到中間隔開刺激物來協助彼此，只要我們學會了安全解讀情境的技巧，就能採取類似的做法，平靜地（不要觸碰狗或是跟牠們說話）走到狗與焦慮來源的中間，這可能要試幾次才行，但的確可以幫助許多狗，讓牠們更能應對與走出難關。
<u>除非知識與經驗夠豐富足以完整評估情境，否則請避免採取可能造成危險的行動。</u>

③ 給狗空間來處理造成牠焦慮的事物，每隻狗所需要的距離都不太一樣，每個造成緊張的情景所需要距離也不同，一隻狗感到害怕的事物可能對另一隻狗反而不太有影響。

④ 有時，光是等待讓狗焦慮的來源消失也已足夠，前提是狗有充分的空間，而且沒有遭到過度驚嚇（但再次強調，要看相關因素與整體情境而定）。

⑤ 給狗所需要的時間以及平靜的環境，讓狗能從事件或活動中恢復。

⑥ 找出並減少狗生活中的壓力與興奮來源。

⑦ 試著避免讓狗經歷相同的壓力，不然狗的行為可能會快速惡化，甚至開咬。

⑧ 如果狗已經到了開咬的地步，請盡快向我或席拉·哈波（Sheila Harper）團隊成員尋求建議，聯絡方式請見本書最後一頁。

⑨ 解決方案可能結合以上數種建議，我們越是了解狗的語言，就越能有效地找出最適合狗的做法。

◀在照片中，長牽繩給了海格安全空間，因為牽繩可提供界線，防止海格追逐農場動物、野生動物等等，如果海格感到害怕，他的反應可能會讓別人覺得他很危險，不過長牽繩讓我可以加以管理。許多狗知道有界線時，反而感覺比較安全。

海格可以選擇要不要跟牛見面，他決定去看一下牛，然後在自己選擇的時機轉身，照片中的牛很平靜，而且是慢慢走近圍欄，這一點也有幫助，海格以前沒有見過這些牛，但微微拉緊牽繩可以避免海格開始焦慮，如果我當時是忽然把牽繩拉緊，可能反而會造成緊張氣氛。海格的壓力程度夠低，所以他沒有反應，而是做出適當的選擇，聞聞地面後就轉身離開。

在最下面的照片中，我們可以看到牛與海格呼應彼此的肢體語言。

▲由於我沒有察覺到考斯在狗展時的焦慮，因此她必須用逃走這個方法來告訴我，考斯體型龐大，所以她一跑我也不得不聽她的！當時的我其實還有很多東西要學。有多少狗被迫留在讓牠們不開心的情境？考斯那時戴著 P 字鏈，鏈子一定陷進了她的脖子，環繞喉嚨與脖子周圍的約束工具常會造成狗咳嗽或呼吸困難。另外，也請觀察左邊的男士與獒犬如何呼應彼此的肢體語言，雖然你看不到這位先生的臉，但我可以保證他的表情跟獒犬一樣驚訝。

重點一覽
我的狗狗焦慮嗎？

 所有的哺乳動物對於壓力都會表現出反應，而這也不見得是壞事：假如狗有足夠的時間，能從興奮或焦慮事件中恢復（視個性、經驗以及其他因素而定，每隻狗的需要都不同），之後事件再發生時，狗就很可能因應得更好。

 對於目前大部分的狗來說，良好的休息基本上比過多不當的運動更為重要。請將步調放慢、降低壓力與興奮程度。

 傾聽自己的直覺，假如事情感覺怪怪的，那八成應該就是如此。

 給狗空間與大量時間從壓力事件中恢復，避免讓狗陷入難以面對的情境。

 使用固定（非伸縮）的長牽繩有助在狀況發生時控制狗，也能讓狗感到安全，因為狗知道有明確的界線，也知道你會支持牠。

壓力

溝通訊號無效，狗就會開始出現壓力跡象，只要我們學會
辨認壓力跡象，就可以做出改變，讓狗可以不要這麼擔心。
你看得出來當下狀況讓這隻成犬不開心嗎？

上圖：成犬要是想要，大可以輕易控制樹枝，但牠反而持續跟幼犬互動，而非運
用自己的力量優勢。不過成犬透露出一點不安，不安的跡象包括：成犬的頭遠離
幼犬，耳朵緊貼頭部，眼睛睜大，而且臉與身體都緊繃。

狗狗 & 人類

我們眼中許多狗的行為問題，以及部分健康問題，其實是狗活在壓力下造成的，也就是太多要求導致狗無所適從。

> 任何生物不管每天做些什麼，只要活著每天都會遇到壓力。

我們需要有壓力才能生存，所以沒必要一聽到「壓力」這個字就開始擔心，任何正面或負面事件都可能是壓力來源，光是活在世上就會對身心造成壓力，但只有壓力來源夠嚴重，或事件發生頻繁，以致沒有足夠時間恢復時，壓力所產生的化學變化才會導致問題。就像我們有一部新車，把車子照顧得非常好，但用了一段時間下來，車況還是會惡化，這種損耗就等於是壓力。

以下段落簡短說明何謂「壓力」：

壓力會使身體因應短期壓力來源而分泌腎上腺素，揮之不去的壓力需要腎上腺生成更多皮質醇、脫氫表雄酮 (DHEA) 以及其他因子來協助，上述荷爾蒙是身體處理壓力的主要防衛機制，應謹慎少用。

在理想狀態下，皮質醇濃度在早上處於高點，接近一天結束時則逐漸減少，然而，壓力長期過高時，身體需要更多的皮質醇與 DHEA，卻無法分泌足夠的 DHEA，因此負面效應就開始浮現，例如無法入睡、免疫系統下降、白天精力消沉，或體溫控制不佳，壓力症狀也會造成進一步的壓力，因此身體陷入惡性循環。在每次的

壓力事件之間，身體需要足夠的時間修復，至於需要多少時間，則視人或狗的狀況而定，也取決於許多因素，但通常是每一事件需要3-5 天，就這方面而言，狗的生理組成與我們類似，所以同樣的法則很可能人狗都適用。

> 壓力不僅來自行為，也來自飲食，如果你或狗經常吃垃圾食物、品質低劣的食物，或任何難以消化的食物，這同樣會帶來壓力反應。

食物是狗與人生活中共通的一環，我們也必須體認到食物對於壓力高低的影響。

就算是無生命的物體也會有壓力，例如我們搬運幾個很重的箱子，箱子倒下來，散落到地上，其中一個箱子還破損，仔細一看，破掉的箱子先前一邊就已經受損，用膠帶修補起來，因為這一個箱子經歷的壓力比其他箱子大，所以破損的風險原本就比較高。同樣的原則也適用於生物，若將壓力事件頻率降至最低，並給予足夠的時間從壓力事件中恢復，我們就不會輕易「破損」，而是更能勝任生活大小事。

壓力來源包括以下各類：情緒、社會、生理或心智，此外，運動也會產生壓力，因為運動會對身體造成負擔。現在想像一下，要是你有健康問題，但又被迫進行不當的運動，那會有何後果？許多狗就是被迫承受這種壓力，可能人是在不知情的狀況下使狗受到這種壓力，因為狗與其他動物通常不會透露疾病跡象，除非病情已經非常嚴重。基於「適者生存」法則，狗與其他動物天生就知道，讓他人看出自己行動不便或虛弱是不智的作法。

狗與人都會對同住夥伴的身心狀態有所反應，如果我們衝來衝去，讓自己的腎上腺素濃度飆高，我們也可能會影響到狗或其他家人，導致他們的壓力值也上升。人與狗還在母親子宮時，就能感覺到母親的焦慮與情緒狀態，若壓力很嚴重或長期居高不下，則會影響發育中的胚胎。

如果母狗承受生活壓力，小狗還在子宮時就已經受到影響，假如生下一窩小狗之後，母狗在養育小狗時還是充滿恐懼與焦慮，小狗也會持續受到影響。在人類世界中，我們已發現母親若在懷孕時期承受高度壓力，則小孩罹患氣喘的機率會提高，動物實驗也得出類似的結果。

煙霧、毒素、過敏原與許多其他環境因子可能會放大壓力的影響，而長期壓力會影響身體應對上述影響的方式。如果我們容許高度壓力持續數月或數年，壓力可能會導致嚴重的健康問題，其中一個問題就是「腎上腺疲勞」，這個主題也非常值得查詢研究。

「任何承受頻繁、持續或嚴重身心情緒壓力的人都可能出現腎上腺疲勞，腎上腺疲勞也可能是造成過敏、肥胖症等健康問題的重要因素。儘管腎上腺疲勞在現代社會非常盛行，卻常受到忽視，也被醫學界誤解。」

詹姆斯・威爾森醫師 (Dr James Wilson)，《腎上腺疲勞：21世紀壓力症候群》(暫譯，書名原文為 Adrenal Fatigue: The 21st Century Stress Syndrome)

👆 狗狗

　　今日的狗經常暴露在過多的壓力下，由於飼主對於狗的行為與表現有很高的期待與要求，許多狗也跟我們一樣受到壓力。我個人就認識好多隻深受壓力困擾的狗兒。

> 家犬與自然的世界非常疏遠，這對牠們影響深遠，雖然某種程度的演化使狗可學習容忍小的變化，但我認為我們的確讓狗的生活過度繞著人打轉，或許我們可以開始思考怎麼改而進入狗的世界。

　　大自然裡的狗如何生活呢？狗的身邊都是同一家族的狗，大部分的時間都窩在家裡，一般而言也不會遠離狗窩太遠，只是在附近探索看看有什麼事發生，而且步調也相當悠閒。至於狗群中年紀比較大的成員，幾乎都是在必要時才去覓食或狩獵，剩下來的時間皆用來睡覺、休息、嗅聞與看守。幼犬除了進食、大小便之外，還會短暫玩鬧、探索與觀察身邊環境，再來就是睡覺。狗會狂奔逃離危險或獵捕食物，但很少會為了跑而跑，是人類教狗去追非天然的東西，比如說球、飛盤等等，但如此影響牠們的行為可能有害，尤其是做過頭的話，這會對狗和我們造成各種問題。問題不僅是充滿腎上腺素的狗可能在腎上腺素消退後出現戒斷症狀，牠們也可能出現強迫行為，導致我們得花很多時間、精力與金錢來處理。此外，高強度的活動與腎上腺素分泌也會影響狗的生理健康，可能會引起早發性關節炎與其他疾病。

▲嗅聞是狗與生俱來收集環境資訊的方式，降低壓力讓狗得以專心慢慢嗅聞，
了解自己的周遭環境。

重點一覽

壓力

 我們眼中許多狗的行為問題，以及部分健康問題，其實是狗活在壓力下造成的，也就是太多要求導致狗無所適從。

 狗與人一樣，都會對同住夥伴的身心狀態有所反應。

 長期壓力不只可能也的確會造成嚴重健康問題。

 狗出現問題時，請想想我們可能如何進入狗的世界，從牠們的角度來看待事物。
 一起活動，共享生活。

活在人類世界的狗兒

想想看我們帶狗去的地方,如果我們花時間學習狗的語言,我們就有機會了解,狗在我們的世界裡,做那些我們認為適合狗的事情,是否真正感到自在。我們做的許多事常常只是盲從、有樣學樣,但我們是不是該質疑做這些事究竟為了什麼?又究竟是為誰而做?

🐾 狗狗 & 人類 🐾

　　我們常在狗面前匆匆忙忙，狗不只是家庭生活的一部分，牠們也要面對家庭生活中的一切：電話鈴響、播音樂、一大堆電玩噪音、電視與廣播大聲播放、有人來門口、家人爭吵、洗衣機、吸塵器、隔壁花園的狗（很多狗遇到的問題是缺乏空間）、清潔用品與芳香劑的怪味等，這樣你懂我的意思了吧？

　　我們的心情每天不太一樣，狗也是如此，但我們會知道牠們的情緒已出現轉變嗎？很少人會注意到狗心情的變化，更遑論想辦法處理，我們有時間在意嗎？我們常常都忙於自己的事情，因此沒有注意到發生什麼事，也不會採取行動解決，有時我們陷入自己所有的需求中，所以很難知道家中其他成員有何感受。

　　為滿足需求，我們的狗必須試著在這些紛擾中睡覺，我們可能以為狗在睡覺，但牠們真的有入睡嗎？仔細看，狗是否仍能意識到周遭的動態，而沒有「關機休息」？有些狗壓力過大，因此無法真正休息，這常是由於狗運動過度──時下許多人的建議就是狗要多運動。信不信由你，對於狗來說，住在這種環境裡其實很累，牠會時時保持警覺，等待事情發生（通常事情也一定會發生）。

　　因為我們生活繁忙，所以我們可能會覺得有罪惡感，認為自己一定要跟狗一起做更多事情，於是我們做些什麼來補償狗呢？可能會帶牠們去參加訓練，讓牠們必須在不熟悉的狗與人之間穿梭，入侵其他狗的身體空間，或是自己的身體空間被其他狗入侵等。對於狗來說，入侵身體空間是非常無禮的舉動，我們把狗留在一個充滿陌

生人與狗的房間，然後自己出去又再回來，還期望狗留在原地不動，直到我們允許牠們動為止。

又或許我們會帶狗去參加敏捷訓練課程，課程中狗可能變得超級興奮，所以無法站好不動，牠們可能搞不懂規則，又或是牠們無法好好思考，結果最後跟別的狗打起來。那還是帶狗去狗展，這樣牠們才可以社交？社會化越多越好，這就是我們所相信的不是嗎？

我認為目前一般提倡的社會化形式反而會造成問題，我們來思考一下不同的方式：對於任何一種動物（包括人類）而言，最重要的就是在所處的環境中感到安全，狗也必須要能信任飼主與家人，如果狗的生活有穩定的基礎，以及來自飼主的支持，狗就更能夠處理較為難熬的環境。假設我們不斷試煉狗，施加不必要的要求，接受以人類為主活動的過度刺激，而且這麼做也只是因為我們可以，那我們反而是在製造問題。我們期待狗在大部分的人類情境中都能感到自在，可是這樣公平嗎？也許考量狗的經驗與技巧後，可以偶爾讓狗接觸上述的情境，但讓狗時常需要忍受是我們不樂見的狀況。你熟悉狗的溝通方式後，就可以辨識出早期訊號，了解對於狗目前的社交技巧程度而言，某件事可能太過於困難，所以一旦問題開始出現，我們就要考慮回到最基本的原點，先重新建構安全感，之後才在狗的生活中加入新的事物，或是讓狗面對更進一步的要求。但在繼續往下走之前，必須要有一段重新平衡的時間，滿足每隻狗個別的需求。

你的狗在生活中究竟會遇到什麼事？狗真的需要參加在地農夫市集、後車廂二手用品大拍賣、看足球賽、逛市中心等活動嗎？為什麼？是為了誰去？檢視一下我們想帶狗到不同地方的理由，這些理

由充分嗎？還是只是因為我們自己想去，然後期待狗跟著去？如果狗顯然無法招架，不斷讓狗暴露在這種壓力之下究竟有何意義？

◀訓練：我過去的做法。

我現在訓練狗的方式已有所不同，我會避免考驗牠們，改而選擇讓狗比較自在的環境。

我們希望自己的狗在與其他狗見面時，能夠自在大方，但與其小題大作，不如事先思考見面這件事，然後順其自然，在有見面機會出現時才付諸行動，這樣可能比過度擔心更容易成功。

海格必需先有安全感，先信任我，才能學習環境中的其他事物。在我們住的地方，散步時常常會遇到牛，所以讓海格能習慣身邊有牛是個好的做法。我花了幾週、幾個月的時間，慢慢地把牛介紹給海格，一開始先讓海格在遠處嗅聞牛的味道，然後不時讓他從遠方看牛（不是每次散步都讓海格看，所以不是一直要他把焦點放在牛身上），接下來海格也逐漸自然而然習慣牛的存在，牛就是周遭環境的一部分。

之後我突然發現，牛對於海格來已經不成問題，其實只要你以狗兒的步調進行，事情就會自然發生。車子還有散步時遇見的人也一

樣，海格來我們家之前，生活中沒有車流或也不會在散步時遇見人，其實仔細想想，甚至連散步這件事對於海格來說都是新體驗。我是以自然的方式讓海格展開新體驗，是這裡幾秒鐘、那裡幾秒鐘，偶爾才會維持比較長的接觸時間，而且前提是海格發出的溝通訊號為低度訊號，這表示他可以多學習一點。

> 目前似乎過於強調社會化、訓練以及與我們的狗狗一起做什麼事情，也許這就是失衡之處：我們是不是過度注意媒體宣傳，而被這些建議帶往錯誤的方向？

我們是不是根本努力過頭了？或許我們應把重點放在跟狗在一起，專心與牠們一同度過美好時光，就坐下來觀察牠們，注意牠們想要什麼、喜歡什麼，而不是做我們想做與喜歡的事，或以為該做的事，只為了滿足我們對狗的期待，這樣我們應該可以與狗建立更為緊密的關係。

我自己曾經讓狗過度不當玩耍，還有讓狗被太多的社會化壓垮，結果反而製造出了問題狗狗。我覺得關於狗這方面發展的相關教學不夠多，所以很多飼主對於社會化需要涵蓋什麼也僅有模糊的概念。

▶ 這輛車在人來人往的地方公園裡清洗人行道。這樣的車輛可能會讓某些幼犬終生懼怕，某些壓力大的狗也可能被轉動的刷子激起獵捕慾望。只要有一次不良經驗，狗就可能不願去散步。其實吵雜的機器也可能嚇壞小朋友，只是我們能向小朋友說明機器如何運作，跟狗則不行。

- 我們逼迫自己的狗去跟其他狗、人還有動物見面，希望狗能有新體驗。

- 我們讓狗走在吵雜還具有強烈氣味的車子旁，而且車子可能是直接朝狗而來。

- 我們用短牽繩帶狗長距離散步或跑步，這等於鼓勵狗拉扯牽繩，因為與飼主過近會讓狗不自在，扯牽繩就是牠們嘗試拉開距離的方式。或者我們使用伸縮牽繩，忽然按鈕停止牽繩延長時，狗通常會嚇一跳，因為什麼時候會停下來完全沒有預警。

- 我們把狗放開，讓牠們在各種地形追球或棍子，還可能在水中進出，時間也過長。狗並非生來嘴裡就叼著球，狗媽媽也不會鼓勵不斷追球所造成的高度亢奮，同樣地，人也不是生來嘴裡就叼根煙，但追球或抽菸都會成癮。如果狗已經對看到的東西、聲音與觸摸有過大反應，玩球可能會造成更多問題，狗的本能反應是追逐會動的東西，有些狗甚至腎上激素旺盛到不只會追球，還開始追任何其他會動的東西。如果狗生活較為平衡，我們或許可以偶爾丟球來玩，但如果狗或飼主沒球就無法處理各種情境，這表示一定有問題。

- 還有，因為狗無法放鬆，所以我們就以為牠們精力尚未耗盡！但事實上狗可能已經精疲力盡，只靠腎上腺素硬撐，結果我們帶狗回家後又做什麼？我們給狗更多事情做，只增加了活動量卻沒有降低壓力。

如果狗已經對追球遊戲上癮，忽然停止不玩可能會造成更多問題。雖然有些狗也許可以處直接戒斷追球遊戲，但許多狗做不到，因此可花一些時間，逐步讓狗戒除對追球遊戲的著迷，讓牠們更能適應這艱難的轉變。

　　就我的經驗，其實要某些飼主改變可能更為困難！其實狗通常叼著球就很開心，如果狗把球丟掉，去聞附近的東西，並且持續前進不去管掉了的球，這樣就可以很自然地降低對球的依賴。其他的狗可能會持續對球著迷，飼主不丟球，狗就開始激動，這時飼主／照顧者可以輕輕將球在地上滾個幾次，不要快速丟球，有時狗可能會因此感到挫折，此時幫助狗的方式之一就是「陪伴」，如果狗願意，也許你可以提供放鬆的按摩與觸摸，但要使狗冷靜的前提是，你自己必須溫和平靜，確保你的影響力可以降低狗的亢奮程度。

　　由於每隻狗都不同，所以沒有個別評估之前，不可能將各種可能性都一網打盡，不過偶爾給狗機會做嗅聞活動絕對有益，只是要確保活動溫和平靜地進行。假如過度運用某活動，或是以非常刺激的方式進行活動，這其實不利狗兒進步，因為這基本上就是用另一種刺激來取代原本的刺激，移除這些我們過度仰賴的活動，不只對狗有好處，對人亦然，重點在於學習另一種自處的方式。想想看我們偶爾參與愉快的活動有何感覺？但如果我們定期參與這類活動，還會有同樣的新鮮感嗎？

　　再想想看我們自己的生活，我們一整天忙亂無比，到家以後又忙家人的事，根本沒有時間休息，也許我們晚上會上個有氧運動課程或去健身房「放鬆」（這對我們有益不是嗎？），然後回家睡覺。

這樣過完一天之後，我們可能會發現很難真正停下來休息睡覺，狗又何嘗不是呢？我們用短牽繩帶著牠們在公園趕路，幾乎不給牠們充分的時間去嗅聞或依自己的步調尿尿，反而是一下又要把狗拉走，因為我們時間太少，馬上要去做下一件事。

▲快點！快點！趕趕趕！

你想要活在這樣的世界嗎？

如果有選擇，我想大部分的人都希望能好整以暇，看看自己對什麼有興趣，偶爾跟經過的人打個招呼等等，可是狗卻被期待要每天這樣跑來跑去、應付吃力的行程，然後我們竟然還納悶為什麼狗狗變壞或生病！

我必須要強調有些狗比較能應付大量活動，可能看起來是喜歡訓練、玩球、敏捷活動，以及其他我們要牠們參與的人類活動，然而，跟沒有接觸這類仰賴指令活動的狗相比，這類狗可能較快出現健康不佳的症狀（例如皮膚、消化或關節問題）或是行為問題。

頻繁用這種方式控制動物一定會對牠們造成影響，也許有些狗幾乎會變得無助，也就是說牠們的精神已被擊倒，許多狗將再也無法恢復，但有些狗天生韌性比較強，在一群遭受「打擊」但尚未被「擊倒」的狗當中，有些狗如果得到理解，就可以回復過去的個性，前提是有人可以照顧牠們、支持牠們，而且對於牠們展現敏感度與

關心，給狗所需的時間來重新建立信任。

> 先學習狗的溝通方式，再來決定你的狗喜不喜歡你想跟牠一
> 起做的活動，這是很值得的做法。

「解讀」狗的能力可以幫助你理解狗的需求，假設對方是人，而
且你想與他建立良好關係，你就會問對方是否想要參與，他也可以
給你一個誠實的答案。其實大部分情況下，狗也可以給你一個答
案，不管從事什麼活動，狗也可以告訴你，牠覺得夠了想休息一下。

某種程度而言，住在室外的工作犬比住家裡的寵物更具優勢，雖
然工作犬有時必須從事高強度活動，但牠們大多有休假時間，可以
自己決定空閒時間要做什麼。通常工作犬會選擇睡覺或休息，或僅
是輕鬆漫步，牠們不用面對繁忙家庭生活中的大小事，也不用忍受
大部分家中會有的機器與娛樂噪音。整體來說，某些工作犬的生活
可能更平靜、更均衡，但這意思並不是說把一般寵物放在室外狗屋
就好了，許多工作犬是經過世世代代育種才變得習慣於戶外生活，
若是突然剝奪寵物狗住在家裡的安全感與熟悉感是非常殘酷的事。

我們大部分的狗生活方式早已不同，不再只跟少數幾個家庭成員
一起住在野外，每天花一點時間去打獵或搜尋食物。打獵時，狗會
認真勘查、聆聽與嗅聞，積極採集資訊，了解最近在該地區活動的
潛在獵物，狗也會追蹤、緩慢移動，以免嚇到獵物，之後再快速衝
出抓獵物，這整個過程急不來。

理想的狀態是，我們的狗每天有 16-18 個小時可以睡覺或享受高品質的休息，幼犬需要的時間則更長。

當然，住在大自然裡的狗也會遭遇到一些問題，牠們的壓力包括：下一餐不知道在哪裡，或許要餓肚子，而且所在地區的資源可能不夠這麼多隻狗分享，但是牠們可以運用大腦做選擇，這一點是家犬缺乏的挑戰。家犬很少有選擇可言，我們為牠們做決定，而且選的是我們「認為」牠們需要的，卻不見得是狗真正需要的。

▲狗在睡覺嗎？有時候狗看起來是在睡覺，但牠們真的在睡嗎？我提供海格適當的環境與睡覺機會，他可以學會需要睡覺就可以睡，安全無虞。當我們提供了適當的條件，我們的狗就可以自由選擇，白天或晚上都可以睡覺。因為海格很平靜，所以貓選擇在他附近睡覺，但首先海格得學會如何睡覺與放鬆。

我們做的選擇通常是看別人跟狗做些什麼，怎麼個做法，而這通常是由媒體與流行所引導，於是我們依樣畫葫蘆，但有沒有其他值得探索的方式呢？

許多人仍使用過時的方法，例如多年前 L・大衛・梅可 (L. David Mech) 提出的「強勢階級理論」(theory of dominance hierarchy)，梅可是資深科學家，也是野狼研究權威 (www.davemech.com)。然而，他之後承認犯了錯，現在也努力將強勢理論從大眾認知中消除。所以我們該從今日的狗身上尋求答案，而非持續使用已被推翻的概念。在我改變方法之後，我更能看出我的狗的好惡，也更能了解我的行為對牠們有何影響。

這變化之大！我現在對狗採取開放態度，讓牠們跟我有真誠的互動，任何懼怕已煙消雲散，狗對於溝通感到安心，有信心不管牠們表達什麼，都能夠得到傾聽、理解與尊重。

> 如果有人請我們考慮採取不同的方式來做某事，我們可能會害怕嘗試，但為了狗兒好，希望更多人能敞開心胸，用全新視野檢視犬隻訓練。

如果狗長時間承受壓力，那麼我們開始發現狗頻繁出現健康問題，這有什麼好意外的嗎？很多時候感染與消化或皮膚問題是早期跡象，狗的體型也可能改變，使得身體輪廓看來不同，行為問題則是另一種壓力的常見跡象。

> 承受長時間壓力的狗時常會出現身體上的問題，例如拱（圓）
> 背與／或把後肢縮在身體下面。另一種可能性是狗的後腿變
> 得非常僵直。

　　假如症狀已顯露於外，這表示體內可能更糟，狗的身體無法處理
牠所面對的壓力。

　　行程過於緊湊的狗可能沒有機會好好消化食物，甚至還可能喪失
對吃的興趣，我之所以知道這一點，是因為我的狗有這種經驗，但
還好生活中的壓力大幅降低後，她又開始享受餐點了，而不是吃一
點點碗裡的東西以後就走掉，她本來是過瘦的獒犬，但之後變得比
例均衡，在家裡也感到放鬆。另一方面，有些壓力大的狗可能會覺
得吃東西需要狼吞虎嚥，這也同樣不利消化。想想看我們自己：我
們焦慮或承受壓力時，可能會沒食慾，或是看到什麼都想吃，卻沒
有飽足感，因此必須不斷的吃，才能填補情緒的空洞。不論是對人
或對狗，我們的目標就是達到平衡中庸。

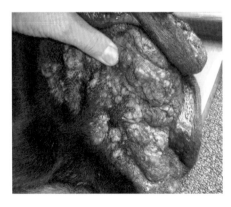

◀海格來的時候有許多壓力相關
的皮膚問題，痤瘡只是其中之
一。

我們在放鬆、沒有任何煩惱的情況下吃了一頓美食，之後也不用趕到其他地方，那就很容易入睡，或至少會覺得想睡。若我們運氣好，也許還能閒坐個一小時，好好享受這段時光，飯後休息有助消化，所以是理想的做法，同樣地，事情慢慢來，做完一件事才去做下一件事也是如此。假如沒有足夠的時間，可以在無壓力的情況下消化食物，久而久之就有可能出現長期消化失調。

> 壓力大的狗無法有效消化食物，而且同樣可能出現問題。

因此，如果你看到狗食慾不振或狼吞虎嚥，請想想牠們的焦慮與壓力程度，以及自己可以如何協助。有些狗在特定情境下甚至連零食都不吃，你就知道狗在該情境中有何感受。相反的，有些狗則是看到什麼都吃，包括一些奇怪而且非常不恰當的東西，就像焦慮的人可能出現飲食障礙症一樣，狗也是如此。

重點一覽
活在人類世界的狗兒

 現代西方社會步調快到違反自然,也十分繁忙。

 我們的心情每天不一樣,但我們是否接受狗也會有心情起伏?

 因為我們大多很忙,所以常以為讓狗很忙也對牠們有益,結果很容易就讓狗疲於奔命,從事過多的運動、訓練與/或社會化活動。

 花時間純粹與我們的狗相處,可能對狗比較好。

 腎上腺素長期超標可能會造成狗的健康問題,而健康問題從狗的肢體語言中可窺知一二。

 人跟人的良好關係是讓雙方可以選擇要一起做什麼。我們也可以學習解讀狗的肢體語言,這樣狗就有機會告訴我們,牠們喜歡跟我們一起做什麼。

 大多數的人不了解狗需要更多的休息與睡眠,每天至少16 小時。

警告訊號

溝通無人傾聽或得不到回應時，溝通方式會變得更加強烈。
我們可以幫助狗兒，讓牠們無需用到更極端的警告訊號。

壓力徵兆

以下某些跡象也跟其他列表有所重疊。壓力跡象透過肢體語言表達，也就是狗向我們傳達他們的感受。

- 甩動身體
- 停格
- 低吼
- 快咬
- 狠咬
- 發抖
- 尿尿
- 不尿尿
- 過量喝水
- 不喝水
- 狼吞虎嚥
- 不吃東西
- 無精打采
- 發狂過動

◀兩隻同住的狗互相表達善意：橘子的身體轉向側面，海格的頭也是，兩隻都向對方表示自己並無惡意。這姿勢不只是躺起來舒服而已，這是他們在溝通。

要注意，一隻狗正對著另一隻狗躺下可能是一種霸凌的手段，這是很細微的行為，要根據情境來判斷。

一起生活的狗每天都必須努力維持和諧的關係，他們大多數時間都要共處一室。我自己的狗晚上在屋子裡不同地方睡覺，白天也會分開散步。牠們有不只一個房間、各種不同的地板材質可以選。

👆 容易被忽略的焦慮成因

> 狗會擔心什麼事情取決於許多因素，例如情境、狗的個性、
> 健康、先前經驗，還有狗當下的腎上腺素與激發程度。

　　事件發生在一天當中什麼時段，狗當下是否疲倦也會決定事件將
產生何種影響。就像我們如果一整天過得很不順，（因為其他煩惱
而）睡眠不足，那麼本來不算什麼的小事就可能引起我們的反應。
身體不適，這裡疼那裡痛，或是生了什麼病，這些都可能讓人變得
暴躁易怒。**如果你的狗對刺激的反應很大，牠當時很可能某方面壓
力過大。**大家常抱怨自己的狗陰晴不定，我可以保證狗的行為幾乎
都是可以預測的，前提是我們有足夠知識去判斷狗的感受。

 人類

人跟狗是不同的物種，所以我們可能無法完全理解狗的心理，但只要願意學習狗的肢體語言，我們就可以跟狗更親近。這邊我不是要怪罪飼主搞不清楚狀況，我只是請求所有承擔起養狗責任的人，要學習犬類溝通方式，盡可能深入了解。

> 我相信這是最能改善狗兒生活的一件事，之後也能幫助狗兒有更好的未來。大多數情況下，飼主絕對有能力改善情況。

多數愛狗的飼主都願意多吸收知識，讓寵物過得更好。在最理想的世界裡，想養狗的人在養狗之前都先仔細考慮過自己有沒有同理心，有沒有足夠的時間來學習了解狗，這樣不是很棒嗎？在我看來，要確保狗的福祉，理解絕對是不可或缺的一環。

接受一隻狗成為你的家人是重大的承諾，會影響到生活的眾多面向。在做決定之前，難道不值得花時間認真考慮狗對日常生活的影響，考慮此舉是否適合家裡所有人？

🐾 狗狗 & 人類 👥

狗會同時運用眼睛、耳朵、鼻子來檢查環境，了解狀況。

下列事物可能會讓狗焦慮：

【氣味】

狗的嗅覺敏銳度遠超乎人的想像，牠們仰賴嗅覺生存，鼻子是牠們主要的感覺器官。幾種會引發焦慮的嗅覺刺激包括：

- **其他動物**（某些品種尤其敏感）
- **發情的母狗**
- **香煙味**
- **污染**
- **食物氣味**（尤其是餓的時候）
- **加了香味的產品**（人用及狗用產品）

某些人對濃烈的氣味會產生生理反應，例如噁心、偏頭痛、氣喘等，嗅覺更加敏銳的狗會有何反應也可想而知。

狗在惡臭的東西上打滾（狗界凱文克萊香水！）我們會覺得很噁心。也許我們喜歡的味道，狗也覺得很噁心。人的鼻子不像狗鼻子那麼有效率，所以我常在想，狗聞我們的香水不知作何感想？當然啦，狗沒辦法抓我們去洗澡或逃離我們的味道。

因為狗喜歡的味道跟我們不一樣，我們是不是可以考慮拿掉一些香氣濃郁的家用產品？讓狗住起來更舒服？

【溝通問題】

・**不被理解**

・**吠叫**（為何而叫？）

・**沒有安全感**

・**拉扯牽繩**

・**食物氣味**（尤其是餓的時候）

・**用來「控制」不良行為的裝置**，例如噴霧項圈、電擊項圈、
釘刺項圈、嘴套等。讓狗用這些裝置之前，我可能會自己先戴
戴看才決定要不要讓狗用。我不見得建議各位自己試用，但我
強烈建議各位先想像一下用這類器具究竟會有什麼感受，三思
而後行。

▲橘子花時間仔細嗅聞，品味環境
裡的資訊。

◀海格對我抬腳，在這情境下很明
顯是要我走開的意思。

【觸覺】

- **地板**：經常得走在光滑表面上。你有沒有試過穿高跟鞋走在超耐磨地板或打過蠟的磁磚上？
- **即便在休息、睡覺也不知道什麼時候會被摸**。有些飼主讓任何人都可以任意摸狗，但我相信他們不會那麼樂意讓人隨便碰自己，或自己的小孩，想想這類舉動對我們或小孩會有什麼影響？
- **穿在狗身上的裝備**：項圈與胸背帶，不合身的尤其嚴重。還有防暴衝嘴套拉繩 (HC)、釘刺項圈、電擊項圈或 P 字鍊。
- **穿狗衣服**
- **美容**（毫無選擇：時間長短、氣味、視覺或聲音刺激都由不得狗）

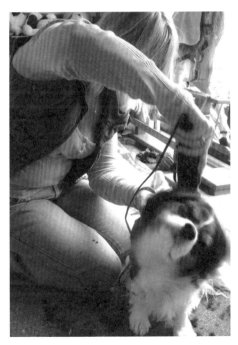

◀橘子痛恨美容，美容要分階段做，今天剪腳毛，隔天修指甲，再過幾天用剃毛刀等等直到全部做完。這種美容方式對她來說會有短暫的壓力時刻，但當中有間隔可以休息恢復。以前她去美容師那邊都會喘氣、流口水、過度亢奮，但現在已經不會了。照片中我幫她理毛，她也用甩動身體來溝通。

【毫無選擇】我們對狗做許多事的時候都認為牠們應該默默忍受，讓牠們別無選擇。

可以幫狗做選擇的時候，我們要選對狗更好的選項，當我們別無選擇時，也還是可以記得這件事可能會影響到狗，以下是幾個需要考慮的情境：

- **饑餓、口渴、太冷、太熱**
- **沒機會上廁所**（如果整天被限制在一個房間裡，可能就沒辦法上廁所）
- **社會化／訓練課程**
- **與狗共舞—缺乏選擇**（是狗邀你跳華爾滋的嗎？）
- **在狗展被品頭論足**
- **需要狗跟著人或某個東西的各種「狗類 XX」活動**。即便狗只是陪你跑步，牠也可能更害怕被丟下而不得不跟上
- **被關在車內**
- **獨處好幾個小時**
- **飼主到哪兒都得陪著去**
- **跟飼主相處時間太多或太少**
- **牽繩過短，限制了檢查環境的本能**
- **其他限制型的器材**
- **其他狗——在外頭遇到其他狗**
- **運動：過與不及，或是任何不適合狗當下情況的運動**
- **缺乏不受打擾可以好好休息的地方**
- **需要跟另一隻狗或其他動物共同生活或分享**
- **跟不願意了解狗或根本不喜歡狗的家人生活**
- **被養在不適合的家裡**，像是大丹狗住在頂樓公寓
- **過多自由**
- **完全沒有限制**
- **日常作息改變**
- **沒有固定作息**

- 作息太過僵化
- 家人包括其他動物生病或過世
- 假期，不管狗是否跟著你度假都是一種改變
- 家人遇到重大事件，例如過世、被裁員或失業
- 搬家

◀用限制型的裝備展示考斯（我的第一隻獒犬），我的身體傾向她，強迫她在陌生人碰她時停止不動，同時還有照相機對準她的臉。克拉夫特狗展的一切都讓她倍感壓力，完全招架不住。

▲這兩隻狗的選擇多麼有限？牠們被極端限制行動的裝備困住，無法從這情境脫身，又被人團團圍住，沒有個人空間也沒有上廁所的選項，有陌生人靠近也無法躲開。飼主和飼主選用的裝備完全控制了狗，要狗任飼主擺布。

【聲響】

- ·煙火
- ·兒童
- ·慶祝活動
- ·爭吵
- ·警報聲
- ·廣播、電視或電玩（同時也是視覺刺激）
- ·警笛
- ·垃圾車、資源回收車、郵差，任何人出現在門口
- ·車流（同時也是視覺刺激）
- ·道路施工，家中或附近施工
- ·被碎念、指令過多、或被大吼
- ·電動工具，例如除草機（同時也是視覺刺激）
- ·雷聲或強風

與兒童同住的狗需要有時間、空間遠離小孩才能放鬆休息。為了小孩與狗的安全，良好的早期教育非常重要，我也認為較明智的做法是絕不要小孩跟狗獨處，隨時都要有負責任的大人在場。

　　狗跟小孩相處的最佳情境是：小孩專心安靜地做一件事，全場氣氛平靜的時候，不過如果有食物或特定類型玩具在場時請特別小心，食物與某些玩具可能會對某些狗造成困擾，影響因素很多，包括狗對食物／玩具的興奮或擔心程度。

　　狗可能會經常看小孩，因為小孩是迷你人類，在狗眼中小孩跟大人不一樣。部分小朋友有些時候可以跟狗處得很好，特別是有既了解小孩也了解狗的大人從旁指導，即便如此，狗需要經常有機會遠離小孩，小孩也需要經常有機會遠離狗。別忘了小孩畢竟是小孩，可能會有難以預料的突發行為：發出怪聲，做出快速、捉摸不定的動作，在狗旁邊非常激動，而且常侵犯狗的個人空間太久，幼童尤其容易如此。相反的，如果家長和孩子專心進行某個活動，狗就比較容易失去興趣，然後到別處趴下。

　　狗會出現類似嫉妒的症狀，因此請記得每天都要跟狗、跟孩子分別享受一對一相處的寶貴時光。

　　漸漸地，隨著孩子與狗學會彼此尊重並信任對方，加上父母從旁看管，適時介入，支持孩子與狗，給雙方恰當的界線，他們可以建立美好的互惠關係。孩子學會為動物著想，學會給其他生靈選擇，這樣的孩子最能培養出對所有生物的尊重，而這都是孩子可以一輩子受惠的有用特質。學會因應他人的需求是生存的一部分，也是良好的社會化行為。

即便狗和小孩關係很好，我也想提醒：刺激興奮、情緒高漲的時候更需要小心保護。聖誕節、宴會、客人來訪、吵架等等家庭事件可能會讓狗擔心害怕（因而可能變得反應過大），這很常見。如果提供狗一些安全區域，甚至安排在屋外某處，讓牠可以不受打擾安心放鬆，牠就比較容易有安全感，不受外界活動影響。如果牠在車上可以放心休息，何不偶爾讓牠去車內休息？當然前提是天氣不會過冷過熱，這麼做安全無虞才可以。雖然狗可以習慣適應各種活動，但狡兔多窟，有多個安全區域非常有用。如果好好思考規劃，這些休息區可以幫狗避免被牠不需要參與的家庭「事件」波及。

【視覺刺激】

- 靠近門窗，看得見路人經過
- 一直看得到人
- 花園裡的貓、鳥、松鼠，或是電視上的動物
- 郵差、窗戶清潔工等等（同時也是聲音刺激）
- 飼主或家人過動
- 騎單車、玩滑板的人等等
- 輪椅、拐杖或手杖
- 道路清掃車（同時也是聲音刺激）
- 戴帽子、穿帽T、穿機車騎士裝備或奇裝異服
- 人帶著雨傘、包包、後背包等東西，因此輪廓看起來跟一般人不一樣。
- 雕像
- 狗的視力不佳或惡化，看到的影像可能會扭曲；狗看不清楚可能會缺乏安全感，出現過去沒有的行為問題。

狗並不是生來就懂人的溝通方式，而我們讓狗經歷上述種種刺激，卻認為自己不用學狗的語言，狗就要自動能夠處理這些情況，這樣公平嗎？

給狗恰當的選項非常重要，就像我們會給人選擇權，我們的環境對狗來說肯定非常陌生，我們要幫助牠們適應。如果我們不願意跟我們的狗培養雙向交流的關係，也許我們得想想，這樣養牠來陪我們公平嗎？

我充分理解狗跟人是兩個不同的物種，但關於狗的科學研究越多，越是發現人狗相似之處，包括生理、體內的化學機制，當然還有情緒反應。對我而言，「尊重其他生靈」是理所當然的事，所以一個不錯的大原則是：在強迫狗接受某事之前，想想角色互換的話，你會有什麼感受？這也能幫助你和狗同伴培養更好的關係。

重點一覽
警告訊號

 狗之所以會過動或無精打采，很可能是牠在回應一個我們沒注意到的刺激。

 許多事物都可能引發反應，例如氣味、觸覺、聲響、視覺，以及缺乏選擇。

 在你可以為狗做的事情當中，學習觀察、解讀犬類肢體語言可說是最有用的。

 狗跟人一樣都需要有所選擇，才能好好因應生活種種。

選擇或控制

這隻狗沒有選擇，狗無法控制我們，是我們影響牠們的生活。讓我們一起努力了解狗，並與牠們溝通。

🐾 狗狗 & 人類 🐾

讓小孩仿效明智、沉著大人的行為有助小孩建立信心，並在人生中做出良好的決定。

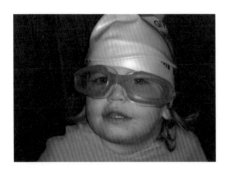

◀我們太常對小孩與狗說「不」，如果有人老是對你說「不」，你會有何感覺？對我來說，這會打擊我的信心。若我們給予狗和小孩選擇，他們就更能回應，並且願意在必要時接受界線，也比較不會惹上麻煩。

我為何不讓孫女戴我的泳帽與泳鏡？有時候我們幾乎是沒想清楚就自動說不，因為我們可能心思放在其他事情上，或是在趕時間或感到焦慮，但我也可以問：「人為什麼不讓自己的狗決定要走哪個方向，或是要躺在另一個地方？」我認為讓狗在某些時候做決定是件稀鬆平常的事，特別是去散步的時候（狗的散步時間！），可是有太多人甚至不讓狗做最簡單的決定，例如選擇停下來嗅聞，這真的很悲哀。以前我也跟這些人一樣，只是跟從大家的做法，完全不去質疑，但現在的我可以看清我過去的做法。

在訂下規矩，不讓狗做某件事之前，我會先自問：「狗不該做這件事有什麼理由嗎？」通常我會給自己的狗自由，只要牠們做的事情是在我所設定的界線之內，這改變了我和狗兒們的關係，更重要的是這也改變了狗與我的關係。其實不管是誰，只要能學習如何有效理解狗，針對日常作息與生活方式做出適當的改變，使之更適合狗，就能達到類似的美好體驗。

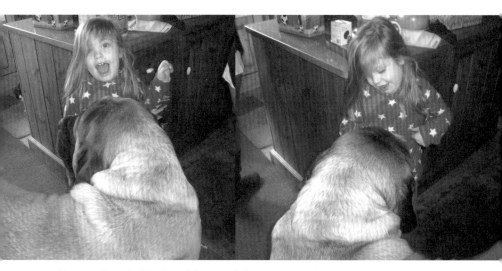

▲第 38 頁的照片看起來是海格要咬我的孫女,但事實上從這幾張照片看得出來,他們是在和平互動。重點在於要觀察整體全貌,而非僅將單一行為獨立看待、妄下定論。

溝通是生存必須的一環,每個物種都有權受到理解,我們大幅主導狗的生活,很多人認為其實是狗主導我們的生活,不過你如果自己想想,這種說法非常奇怪,只要探究事實,很明顯的就是我們主導的生活,例如狗住哪裡、跟誰住,何時何地進食、吃什麼,何時何地睡覺、睡多久,何時何地大小便,何時去運動、做什麼運動、運動多久,就連狗的走路速度也總是由我們決定,如果是純種狗,我們還決定狗跟誰交配、何時何地交配。基本上狗生活中的每一層面都由我們控制,所以我們至少可以做的是設法了解狗,這不僅包括狗的吠叫,也包括無聲的溝通(肢體語言),並且用狗的角度來看待事物,而非總是用我們自己的觀點。接受狗所提供的資訊,花時間跟狗相處,觀察狗,這樣我們就可以真正了解處於不同情境的狗有何感覺,並且可以幫助狗,而非期待狗總是可以融入我們的世界。我們要具有同情心、給狗一些選擇,使牠們在生活中也能有適

當的簡單樂趣，讓我們一起試著降低狗兒不被理解與受到忽視的困擾。

　　就跟許多跟狗同住以及互動的人一樣，我想要了解牠們，並且學習進一步知識，大部分的人在人際關係中目標就是如此，我們想要了解對方如何以及有何感受，比如說我們一發現對方不喜歡足球，我們就不會堅持要對方看球賽或整天踢足球，就算我們自己很喜愛足球，對方在場時，我們也可能會避開足球，或至少有些限度，以取悅對方。

　　人際關係成功的人會尊重別人的感受，我希望本書的讀者已意識到，這一點也適用於狗，我們應該關心狗的想望與需求，就像你會關心朋友一樣。運用本書提到的知識，效果令我相當驚奇，我也確信是因為我承認自己的錯誤和放棄控制支配，所以我和我的狗都無比的快樂。我學會了信任、理解與尊重狗，這一點也帶給我快樂與滿足，我要特別強調這個訊息，也希望你會享受真正開始與狗共同生活所帶來的樂趣。

重點一覽
選擇與控制

不論是何種生物，溝通均是生存所必須。

我們都可以進一步學習狗如何與我們溝通。

提供適當的選擇機會，而非嘗試控制自己的狗，長期而言可帶來更好的成果。給狗選擇有助建立大腦連結與信心，進而幫助狗做決定做得更好。

要求狗之前，請先思考究竟是否真的有其必要。

關於我

我從小到大身邊都有各種動物（包括幾隻狗！）工作上也跟動物相關，自己經營過一家成功的寵物安親公司。我取得的多項認證包括動物照護、管理與照料，也完成了席拉·哈波的國際應用犬隻研究計畫（第 1 和第 2 部分）(IPACS，前稱 IDBTS)。多年經驗下來，比取得認證更重要的是，用新的眼光角度看事情，讓我有了更深刻的理解。我對動物的看法全然改觀，而由於我的觀點和態度改變了，我得以跟動物發展出更有意義的關係。

寫這本書時，我家裡養了橘子和海格。橘子是一隻查理士王小獵犬，以前是來安親的，後來原飼主狀況改變，橘子就留在我家。海格則是救援出來的英國獒犬，剛來我家時健康狀況不佳、會緊張，是所謂「危險惡犬」。他們跟我過去所有的狗一樣，都教會我許多事情。

現在的我能夠讓我的狗有更好的生活品質，要歸功於我從 IDBTS(IPACS) 課程中學到的一切，以及與席拉·哈波一起工作的收穫，這些事情我要是早個二十年知道就好了。

我過去經歷過許多不同類型的訓練和行為調整方法，其中大部分靠的是對狗施加某種控制支配，我發現這些方法效果並不持久，甚至會讓事情變本加厲。後來我參加了席拉與其他理念一致的講師所開辦的其他課程，現在的我能夠運用知識與經驗協助他人去了解他們的狗、培養正向的關係、處理現有問題、預防其他問題出現，靠的就是實踐我所倡導的觀念與方法。

> 良好關係靠的是理解、分享與信任。雙向關係打下穩固的基礎，得以發展美好的夥伴關係，也讓問題自然迎刃而解。

　　如果你也想和自己的狗有同樣豐富生命的經驗，為了狗，為了你自己，請即刻行動，享受建立在選擇與適當界線之上的雙向關係。

　　觀察自己、觀察你的狗，你們將會發現：**放手帶來自由**。

　　我從 2010 年著手撰寫本書第一版，如今兩位重要角色已經離我們而去。橘子罹患好幾種查理士王小獵犬好發的疾病，她也是人類不斷影響、控制狗兒生活下的犧牲品──人類只為製造出人類理想中的狗而忽略了狗的健康。橘子因為瓣膜性心臟病的關係，在 2011 年 2 月 1 日被安樂死，她的靈魂如此美好，個性甜美、敏感，總是想討人歡心。後來我學到要有規矩不見得要強加控制、指令或要求，最終她也學到可以放心做自己。

　　海格的生命亦於 2015 年 6 月 5 日不幸告終，享年八歲半。他是在疾病急轉直下後被安樂死。

　　海格來我們家時兩歲半，是一隻被救援出來的英國獒犬，當時他的身體很差，當他焦慮有壓力時，有時甚至會被視為「危險惡犬」，但因為我們關懷他、理解他、同理他，所以他也不再像隻危險惡犬。早年認識海格的人都沒想過他能活到高齡八歲半，剛接養他時我們自己也沒料到，但令人

難以置信地，他年紀越大越健康。這一路走來非常神奇，我們有幸參與其中，也覺得能和海格共同生活非常幸福。

在我們遇到庫竹 (Kuzu，見下圖) 之前，婆歌是最晚加入我們的一隻狗，這幾年下來婆歌的轉變也令人驚嘆。她各方面都討人喜歡，活潑的個性也讓我們的生活更加開心。剛開始她真的活力四射自由奔放，在屋內一點規矩也沒有，不過現在的她覺得安心、有安全感了，就比較放鬆也懂得享受生活。跟我過去和現在所有的狗一樣，她也教了我很多。

▲婆歌放鬆地在假日享受海風吹來的芬芳氣味，這對她來說是個新奇的體驗。

▲庫竹是個沒有太多生活經驗的年輕狗兒，在保持自在的距離中觀察與學習生活事物。

最後我們很幸運遇見庫竹，他有一半安娜圖牧羊犬的血統，加上獒犬與美國史坦福牛頭㹴，他年輕、體型大、精力旺盛。婆歌選擇了庫竹，就像當初橘子選擇了海格一樣。婆歌毫無顧忌地直接上前跟庫竹打招呼，然後冷靜地離開，雖說這樣快速的碰面根本不是我對於他們初次相遇的策略！計畫很好，但有時計畫趕不上變化。

庫竹剛到家的前幾週，跟婆歌碰面都是隔著圍欄，直到庫竹夠冷靜了才讓婆歌跟他相處一會兒。我們根據兩隻狗在不同時刻的不同需求，慢慢增加他們的接觸。他們跟我們都在學習讓庫竹融入我們這個家，庫竹表現得非常好，當然也還有進步的空間，畢竟他過去幾乎沒接觸過什麼規矩界線。幾個月後，我們所有人跟狗都睡得更久了，夜裡的騷動也少了很多，非常幸福。庫竹在學習尊重婆歌的空間與界線，我們則提供雙方協助，這有點像教孩子善待手足，在此同時父母也要關照每個個體的需求。令人振奮的新冒險正在展開，看著他們成長也帶來許多啟發。

　　我們還是非常想念橘子和海格，他們是我們家的重要成員。我很高興自己學會如何給他們機會改變生活，讓他們勇敢成為過去不敢表現出來的自己。我調整了我做什麼事、怎麼個做法，給他們每一隻狗機會去滿足個別需求，讓他們能夠成長，重新發現他們真正個性與心靈。

　　最後，我希望這新的觀點也能開始改變你和狗兒的生活。

致謝

首先我要感謝所有人一路上協助我，包括家人、朋友、犬類行為課程的同學與老師，尤其要感謝**席拉·哈波和溫妮·包曼**（WinnyBoerman），兩位的教學才華令人讚嘆，謝謝你們不只讓我的狗生活更有品質，也讓我的人生更美好！兩位的教學改變了許多人、狗的生活，我和他們一樣對兩位滿懷感激。

吐蕊·魯格斯——謝謝你指出狗如何透過「安定訊號」溝通，點出我們可以跟狗互動的種種方式，這一系列了不起的突破，改寫了我們跟狗相處的方式。我也要讚賞吐蕊化繁為簡，直指核心的天分：事情真的不難！問題在於我們常用科學、學術用語把事情搞得太複雜。

瑪麗蓮·雅思本諾——她不只為本書修改再修改，也給了我信心與勇氣，讓我能夠堅持下去，以減壓與管理技巧協助我的獒犬海格。重新教導海格挑戰重重，但也收穫滿滿。輔導自己的狗總是比較困難，因為免不了容易感情用事，瑪麗蓮跟我非常互補，在我想法不斷改變的時候，她耐心以對，她做事有系統有條理，理性善規劃。本書撰寫期間我變得完全信任瑪麗蓮，我們也成為摯友。謝謝妳始終挺我，挺這本書。

珍·葛夫——謝謝你提供另一個角度的評估與觀點，我虛心接受你的建議。本書篇幅雖然因此變長了有些，但我希望也因此變得更加清楚！當然啦，講到狗我可以一直講下去，有些時候還真的滔滔不絕。

橘子與海格——謝謝你們提供的寶貴的資訊，你們的溝通，我們現在美好的關係，在在人我獲益匪淺。感謝所有以各種方式進到我生命裡的狗兒：我很抱歉有時我不懂，我也感謝所有曾經努力表達，指引我正確方向的狗狗們。現在的我心胸開放了，我有能力幫助狗也幫助飼主進步。

科林——愛我又忠誠的外子，他有大把大把的耐心，忍受自己不停被打斷，忍受我問不完的：「科林，你可以幫我看一下這個嗎？」科林跟其他家人一樣，一開始對於我帶狗的新方法心存懷疑，覺得我只是 一時跟流行。幾個月、幾年過去了，科林開始了解到這跟我過去控制狗的落伍方法不一樣，新方法是進步的方法，不只可以幫助狗，更幫助所有動物。科林一直非常鼓勵我，他也讓我體認到這些做法需要更廣為人知。

還要感謝：撰寫、出版本書是很棒的經歷，主要是一些很可愛的人，他們非常願意幫助其他人了解更好的與狗相處之道。他們同樣看清了今是昔非，體認到我們跟人狗共享的這個世界需要一些改變。寫書過程中，我得到許多人的大力支持，這邊我想特別點名其中幾位，感謝他們的貢獻：

詹姆斯·雅思本諾——非常感謝你幫忙處理文字方塊，還提供了許多很棒的照片。

葛德·科勒——謝謝他讓我使用多張他拍攝的高品質照片，也謝謝他願意幫忙。

艾得里安·傑克森——世界上最有耐心、有條理、技術最高超（優點太多不及備載）的平面設計師。我由衷希望你會再跟我們合作，也許下回我們會先做好計畫！

傑森·彭恩——第一位協助我們設計小冊子的平面設計師，小冊子後來很快就演變成一本書。我們當初不懂怎麼跟平面設計師合作，再次感謝你的耐心包涵。

傑瑞米·巴賽特——因為熱愛這種與狗相處之道，貢獻出他的行銷才能，使這有用又重要的資訊能夠為眾人所知。

萬分感謝各位。

參考資料

以下列出帶給我許多知識的幾位老師，希望你也會獲益良多，
請搜尋：

席拉‧哈波 (Sheila Harper)
www.sheilaharper.co.uk

吐蕊‧魯格斯 (Turid Rugaas)
www.turid-rugaas.no/ukfront.htm

溫琪‧史彼爾斯 (Winkie Spiers)
www.winkiespiers.com

馬克‧貝科夫教授 (Marc Bekoff)
http://literati.net/Bekoff/

貝瑞‧伊頓 (Barry Eaton)
www.deaf-dogs-help.co.uk

瑪莎‧諾爾斯 (Martha Knowles)
www.facebook.com/silentcanineconversations

我的網站
www.laidbackdogs.com

中文版作者專文附錄

如何判斷這位行為諮詢顧問好不好，是否以狗的福祉為己任？

在行為諮詢顧問處理你的狗之前，先看看他如何對待其他狗，如何與狗互動。行為諮詢顧問的做法必須和善而公平，他會回應狗的溝通，讓狗先採取行動，主動上前聞聞他。會對狗（或是飼主）大吼大叫，或以任何形式威嚇的，我都不建議聘用。

你要找的好顧問會在自然情境下評估狗，而不是刻意把狗放在一個明知會讓狗焦慮的情況；這個人會傾聽狗的溝通，而不是「測試」狗。舉例來說，他不會把狗逼進狗還無法處理的情境，讓狗表現出「關機」行為，或用其他方式明顯表達牠不喜歡當下所發生的事。顧問會謹慎地慢慢來，而不是用「洪水法」讓狗無法招架。

行為諮詢顧問願意花時間問許多問題，當他還不了解你跟你的狗的情況，不知道背後的相關因素時，他會避免直接給答案。行為諮詢顧問要盡可能從客戶身上收集資訊，然後才提供解決方案，這一點非常重要。他會考量狗的生活型態：睡眠、休息、飲食、運動、玩耍等等，還有過往表現、健康狀況、對其他人狗的反應，再加上他的觀察。

好的行為諮詢顧問會做通盤考量。

我們跟狗及飼主共事時總是隨時觀察，既教狗也教人。我的經驗是，沒有什麼取巧或立竿見影的辦法，某些客戶的情況甚至可能需要好幾個月的耐心努力。你的狗仰賴你的幫助，你們的關係取決於牠相信你會保護牠，因此，如果某個做法不適合你和你的狗，要有對自己有信心，堅定地說：「不用了，謝謝。」

如果行為諮詢顧問採用對抗、衝突式的方法，應用這些方法可能會使人狗關係更加惡化。如果顧問叫你做一些你覺得不該對狗做的事情，那顯然有問題。如果你覺得不自在，那麼這位顧問大概不適合，該另請高明了。

避開會用限制型器材與裝置強迫狗的人。你要做的是學習調整自己的肢體語言，使用支持狗的好做法，這樣就會有好的進展。

國家圖書館出版品預行編目 (CIP) 資料

看懂狗狗說什麼 ／ 蘿西‧勞瑞 (Rosie Lowry) 著；王秀毓，黃詩涵 譯.
-- 二版 . -- 臺北市：正向思維藝術，2022.08
　　面；　公分
譯自：Understanding the Silent Communication of Dogs
ISBN　978-986-94007-4-9（平裝）　　　　1. 犬訓練 2. 動物行為
437.354　　　　　　　　　　　　　　　　　　111011806

看 懂 狗 狗 說 什 麼
Understanding the Silent Communication of Dogs

作　　者　　蘿西‧勞瑞 (Rosie Lowry)
發 行 人　　許朝訓
譯　　者　　王秀毓、黃詩涵
編　　輯　　范姜小芳
美　　術　　范姜小芳、許朝訓
二　　版　　2022 年 8 月
出　　版　　正向思維藝術有限公司
　　　　　　台北市中正區北平東路三段 30 之 1 號 4 樓
　　　　　　(02)29081690
　　　　　　www.p-thinking.com.tw